高校土木工程专业规划教材

空 间 结 构

潘秀珍　主编
李　峰　参编
郝际平　主审

中国建筑工业出版社

图书在版编目(CIP)数据

空间结构/潘秀珍主编. —北京：中国建筑工业出版
社，2013.9
(高校土木工程专业规划教材)
ISBN 978-7-112-15667-2

Ⅰ.①空… Ⅱ.①潘… Ⅲ.①空间结构-高等学校-教
材 Ⅳ.①TU399

中国版本图书馆 CIP 数据核字(2013)第 170493 号

本书以作为空间结构课程的教材为出发点，编写原则为简单易懂，通过介绍各类空间结构形式的发展历程和各自的优缺点，总结出目前应用比较广泛、有发展前景的几种空间结构形式，分别叙述结构形式分类、组成、受力特点、结构选型、设计及施工方法。全书内容包括：空间结构综述；空间网架结构；空间网壳结构；索杆张力结构；膜结构；开合屋盖结构。

本书可供土木工程专业的专科生、本科生学习，还可作为土建设计人员、建筑学专业、城市规划等专业的参考书。

* * *

责任编辑：刘瑞霞 辛海丽
责任设计：董建平
责任校对：肖 剑 赵 颖

高校土木工程专业规划教材
空 间 结 构
潘秀珍 主编
李 峰 参编
郝际平 主审

*

中国建筑工业出版社出版、发行(北京西郊百万庄)
各地新华书店、建筑书店经销
北京红光制版公司制版
北京同文印刷有限责任公司印刷

*

开本：787×1092 毫米 1/16 印张：15¼ 字数：376 千字
2013 年 9 月第一版 2013 年 11 月第二次印刷
定价：**35.00 元**
ISBN 978 - 7 - 112 - 15667 - 2
(24196)

前　言

随着社会需求的增加和建筑科技的进步，空间结构得到了迅速发展和广泛应用，它不仅应用于体育馆、歌剧院、会展中心、候机厅等大跨度公共建筑设施中，而且在多层和高层建筑等需要大空间的楼面和工业厂房、商场等中小跨度建筑中的应用也越来越广泛。近30年来，我国的大跨度空间结构得到了迅速的发展，空间结构的形式不断创新，并且具有我国自己的特色。因此，空间结构已逐渐成为建筑专业人员必须了解和学习的一门新科学。

编者在大型国家设计院从事钢结构设计工作八年有余，主持完成了特大吨位吊车梁、大跨度重型厂房、多层及高层钢框架、轻型门式刚架等大量的高难度钢结构设计，积累丰富设计经验的同时，也接触到各种形式的大跨屋盖结构。到高校任教以后，发现学生主要学习传统的结构形式，很少有机会了解、学习新兴的大跨空间结构，为了让学生们能够紧跟时代发展的步伐，适应时代进步的潮流，深感学生们需要一本大跨结构的教材，于是产生了编写一本适合学生学习的空间结构教材的想法。

本书在出版前，已经作为讲稿给西安理工大学土木工程专业的本科生授课两年，深受学生们的好评。通过本门课程的学习，不但激发了学生们的创新意识，还扩宽了学生们的视野和专业知识范围。本书的编写以简单易懂为原则，首先介绍了各类空间结构形式的发展历程和各自的优缺点，总结出目前应用比较广泛、有发展前景的几种空间结构形式作为学习的主要对象，主要讲解结构形式分类、组成、受力特点、结构选型、设计及施工方法。

全书分为六篇。第一篇讲述了空间结构的发展史以及分类方法，帮助读者了解空间结构迅速发展的历史和工程背景。第二篇、第三篇分别对发展比较成熟的网架结构和网壳结构进行了详细的论述，可以使读者对网架和网壳结构的理论分析及工程设计有全面了解。第四篇重点讲述了索杆张力结构的组成、分类和受力特点，并对其设计和施工作了简要介绍。第五篇根据膜结构的分类，分别讲述了各类膜结构的受力特点和设计、施工方法。第六篇讲述了开合屋盖结构的形式、分类和计算方法。

本书不但适合土木工程专业的专科生、本科生学习，还可作为土建设计人员、建筑学专业、城市规划等专业的参考书。

本书是由长期从事钢结构设计和空间结构教学的西安理工大学潘秀珍副教授主编，西安建筑科技大学的李峰副教授参编，西安建筑科技大学郝际平教授最后审定。

限于编者水平有限及编写时间仓促，有不当之处，敬请读者批评指正。

目　　录

第一篇　空间结构综述

第一章 空间结构的概念

空间结构是相对于平面结构而言的。

平面结构所承受的荷载以及由此产生的内力和变形都被考虑为二维的，即处在同一个平面内，比如梁、桁架、拱等结构都属于平面结构。见图1.1中的桁架结构：对于水平荷载，如风、地震作用来说，结构的横向刚度较小，纵向刚度较大，为了保证结构的承载力，通常取横向刚架来计算，这时就认为该结构是平面结构。下面简要介绍一下最简单的平面结构——单层刚架。

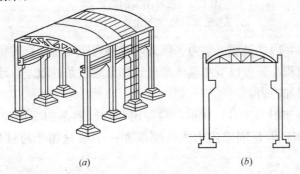

(a)   (b)

图 1.1　单层刚架布置图
(a) 整个结构；(b) 横向平面刚架

第一节　单　层　刚　架

一、受力特点

梁柱刚性连接的结构称为刚架（柱脚可以刚接，也可以铰接）。

刚架是以横向受弯为主的结构，有轴力，但是以弯矩为主（梁柱刚接的相互约束减少了梁跨中弯矩和柱内的弯矩）。

二、类型及适用范围

1. 按结构形式分类

（1）无铰刚架：如图1.2（<i>a</i>）所示，是三次超静定结构，刚度好，结构内力小，但是基底内力大，有轴力、剪力、弯矩，需要的基底面积大，因此基础造价高；如果地质条件较差，地基会产生不均匀沉降，刚架内会产生附加内力，基础受力会更加复杂，因此地质条件较差时，应尽量不采用无铰刚架。

（2）两铰刚架：如图1.2（<i>b</i>）所示，是一次超静定结构，刚架内弯矩比无铰刚架大，

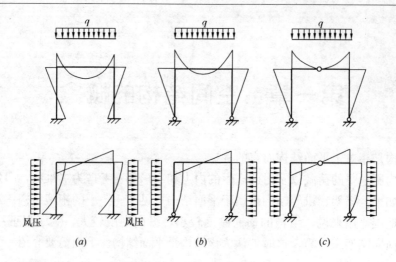

图 1.2　三种刚架的弯矩图
(a) 无铰刚架；(b) 两铰刚架；(c) 三铰刚架

由于柱脚与基础铰接，因此基底有轴力、剪力，没有弯矩，基础有转角对刚架内力也没有影响，需要的基底面积小，可以节约基础造价；如果地质条件较差，地基会产生不均匀沉降，刚架内会产生附加内力。

（3）三铰刚架：如图 1.2 (c) 所示，是静定结构，地基的变形和基础的不均匀沉降对刚架内力没有影响，但是刚架内力大，刚度差，一般只用于跨度较小或地基较差的情况。

2. 按材料分类

（1）胶合木刚架：利用短薄的板材拼接而成，不受原木尺寸及缺陷的限制，具有较好的防腐和耐燃性能，可以提高生产效率。构造简单、造型美观、方便运输和安装。缺点：跨度小、承载能力小。

（2）钢刚架：分为实腹式和格构式两种。

实腹式适用于跨度不大的结构，常做成两铰式，截面形状一般采用焊接工字形，也有少数情况会采用 Z 形，制作、安装都很方便。当跨度和荷载都较大时，梁、柱都可以采用变截面，刚架梁在弯矩较小的位置改变截面，无铰刚架的柱脚和柱顶弯矩都较大，不采用变截面的方式，两铰刚架和三铰刚架的刚架柱可以按一定斜率改变截面，做成楔形截面，柱脚处截面小，柱顶处截面大。

格构式适用于跨度和荷载都较大的情况，具有刚度大、用钢量省的特点。可以采用无铰刚架，当跨度较大时也可以采用两铰刚架和三铰刚架。

以上两种形式的刚架都可以在支座水平面内设拉杆，并施加预应力，使刚架梁产生反拱和卸荷力矩。

（3）钢筋混凝土刚架：一般适用于跨度不大于 18m，高度不大于 10m 的无吊车或吊车荷载不大于 100kN 的结构，最大跨度为 30m。

钢筋混凝土刚架的截面形式一般是矩形，为了减轻自重，也可以做成空心截面、工字形截面或空腹式截面。为了减少截面尺寸，增大建筑使用面积，也可以采用预应力混凝土刚架，预应力混凝土刚架的最大跨度可以达到 50m。

3. 按建筑体型分类

有平顶、坡顶、拱、单跨和多跨等形式。

第二节 空间结构的优点和分类

空间结构的荷载、内力、变形都必须被考虑为三维的，即作用于空间而不是平面内。比如框架结构，梁与柱实际上组成一个空间刚架，不能简化为平面结构，必须在三维空间内整体计算，这种结构就是通常所说的空间结构。

一、空间结构的优点

1. 自重轻。目前大部分空间结构都采用钢材、膜材等制作，使结构自重大大减轻。

2. 便于工业化生产。空间结构的构件可在工厂制作，非常适合标准化、商品化生产，在工地上可以很快地拼装起来，不需要复杂的技术。

3. 刚度好。这是由于空间结构具有三维特性，所有构件都能充分受力形成。另外，空间结构能很好地承受不对称荷载或较大的集中荷载，结构平面布置具有较大的灵活性，因此空间结构特别适合在大跨度的屋盖上使用。

4. 造型美观。目前建筑艺术上的一种趋势是使结构构件外露，空间结构恰好能满足这样的视觉效果。

二、空间结构的分类

空间结构分为：薄壳结构、空间网格结构、索杆张力结构、膜结构、开合屋盖结构、现代新型空间结构等。

思 考 题

1. 平面结构与空间结构有什么区别？
2. 单层刚架的受力特点是什么？
3. 无铰刚架、两铰刚架、三铰刚架分别有什么优缺点？
4. 空间结构可以分为哪几类？

第二章　空间结构的发展史

第一节　古代空间结构

在人类古老的建筑中就有空间结构的痕迹。例如，图1.3所示我国半坡遗址的居屋是一个原始的空间骨架，图1.4所示北美印第安人始祖的棚屋，以枝条搭成的穹顶与现代网壳结构极其相似。古代人类利用仿生原理，把蛋壳、蜂窝、鸟类的头颅、山洞等天然空间结构加以利用，不仅改善了生活条件，还更好地理解和发展了空间结构。

图1.3　我国半坡遗址的居屋　　　　　　　　图1.4　北美印第安人的棚屋

在人类历史上空间结构的发展是缓慢的，直到欧洲文艺复兴时代所出现的教堂建筑，虽然以砖石构成的穹顶又厚又重，但是仍具有重要的意义，可以认为是空间结构发展的重要阶段。

图1.5所示圣彼得大教堂，是现在世界上最大的教堂，总面积2.3万 m^2，主体建筑高45.4m，长约211m，最多可容纳近6万人同时祈祷。登教堂正中的圆穹顶部可眺望罗马全城；在圆穹顶内的环形平台上，可俯视教堂内部，欣赏圆穹顶内壁的大型镶嵌画。砖石穹顶自重达到6400kg/m^2。

古罗马人利用石料或砖建造了大量的圆形或圆柱形穹顶，用做宗教活动场所，但是跨度都不大，一般为30～40m，穹顶的厚度与跨度之比为十分之一左右。并且，早期的穹顶自重都很大。

图1.6和图1.7所示建于公元120～124年的罗马万神庙是早期穹顶的典型代表，正

图1.5　圣彼得大教堂　　　　　　　　　　图1.6　罗马万神庙外景

面的 16 根圆柱让人联想到古希腊建筑。殿堂建造比例协调，计算十分精确：直径与高度相等，约 43m；大圆顶的基座从总高度一半的地方开始建起，殿顶圆形曲线继续向下延伸形成的完整球体恰巧与地相接；拱门分担了整体的重量，整个殿堂内没有一根柱子。这是建筑史上的奇迹，表现出古罗马的建筑师们高超的建筑知识和深奥的计算方法。

图 1.7　罗马万神庙内景

万神殿还是第一座注重内部装饰胜于外部造型的罗马建筑。神殿入口处的两扇青铜大门为至今犹存的原物，高 7m，是当时世界上最大的青铜门。藻井装饰着美丽的雕刻，圆形屋顶上开有直径为 9m 的天窗，既有采光和计时的实用功能，又营造出一种庄严、肃穆的气氛。

第二节　薄壳结构的出现和发展

由于先进建筑材料——钢铁与混凝土的诞生，20 世纪初期钢筋混凝土薄壳结构开始兴建，应该算是现代空间结构开始发展并且走向蓬勃发展的动力。

钢筋混凝土薄壳结构是曲面的薄壁结构，按曲面生成的形式分为筒壳、圆顶薄壳、双曲扁壳和双曲抛物面壳等。

图 1.8 所示悉尼歌剧院是丹麦建筑师乌松之作，悉尼歌剧院的外形犹如即将乘风出海的白色风帆，与周围景色相映成趣。歌剧院白色屋顶是钢筋混凝土建造的薄壳屋顶，由一百多万片瑞典陶瓦铺成，并经过特殊处理，因此不怕海风的侵袭，屋顶下方就是悉尼歌剧院的两大表演场所——音乐厅（Concert Hall）和歌剧院（Opera Theater）。阳光照射后，歌剧院闪耀着光芒和海上闪耀着的波光相辉映，歌剧院成为澳洲的地标。

图 1.9 所示我国 1959 年建成的北京火车站屋面也采用了双曲抛物面薄壳结构，表面几何形状是一双曲抛物面。图 1.10 所示 1664 年建成的高雄圣保罗教堂，采用反曲抛物面薄壳屋顶。

图 1.8　悉尼歌剧院

图 1.9　1959 年建成的北京火车站

(a) (b)

图 1.10 高雄圣保罗教堂

(a) 外景；(b) 内景

随着力学的发展，薄壳结构在技术水平和结构形式上取得了很大进展。美国在 20 世纪 40 年代建造的兰伯特圣路易市航空港候机室，由三组 11.5cm 厚的现浇钢筋混凝土壳体组成，每组是两个圆柱形曲面壳体正交，并切割成八角形平面状，相交处设置采光带。两个圆柱形曲面相交线做成突出于曲面上的交叉拱，壳体交叉拱的建筑造型简洁、别致。

20 世纪 40 年代末，奈尔维设计了连续拱形薄壳结构，奈尔维是钢丝网水泥壳体的发明人。这种材料就是在数层重叠的钢丝网上涂抹数层水泥砂浆制成，性能类似钢材，抗拉强度远远超过普通钢筋混凝土。它可以作薄壁曲面预制构件，也可作模板。奈尔维曾经用它造游艇、建仓库。奈尔维在 1935~1942 年为意大利空军设计的 8 座飞机库（图 1.11），这些飞机库都用钢筋混凝土网状落地筒拱。图 1.12 所示 1950 年建造的都灵展览馆的波形装配式薄壳屋顶建筑，也是奈尔维的杰作。

图 1.11 奈尔维设计的飞机库　　　　　图 1.12 意大利都灵展览馆

图 1.13 是 1957 年罗马为举办奥林匹克运动会而建的罗马小体育馆，屋面采用钢筋混凝土肋形球壳，屋顶直径 59.13m，在现代建筑史上占有重要地位。

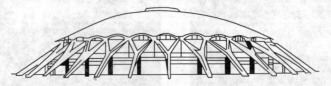

图 1.13 罗马小体育馆

薄壳结构在我国的工程应用不多，始建于 1955 年，1957 年建成开放的北京天文馆（图 1.14），屋顶采用钢筋混凝土薄壳结构，球壳直径为 25m，厚度只有 6cm。

薄壳结构的优点：薄壳结构不但可以减轻自重，节约钢材、水泥，而且造型新颖流畅；壳体能充分利用材料强度，同时又能将承重与围护两种功能合二为一，因其容易制作、稳定性好，适宜建筑功能和造型需要，所以应用比较广泛。

薄壳结构的缺点：模板制作复杂，不能重复利用，耗费木材，大跨度结构在高空进行浇筑和吊装也耗工费时，薄壳结构造价的60%耗费在施工成本上。于是，用平面模板代替曲面模板，用折线代替曲线，由薄平板以一定角度相交连接而成的折板结构应运而生。

图 1.14　北京天文馆

第三节　折　板　结　构

折板结构是薄壳结构的一种，是由若干狭长的薄板以一定角度相交连接成折线形的框架薄壁体系，其跨度不宜超过 30m，适于长条形平面的屋盖，两端应有通长的墙或圈梁作为折板的支点。

图 1.15　正在施工的折板结构

常用的形状有 V 形、梯形、H 形、Z 形等。我国常用为预应力混凝土 V 形折板，具有制作简单、安装方便与节省材料等优点，最大跨度可达 24m。折板结构的折线形状横断面，大大增加了空间结构刚度，既能作梁受弯，又能作拱受压，且便于预制，因而得到广泛的应用。预制 V 形折板的起吊脱模、安装就位要有专用吊具，做到各吊点受力均匀；折板堆放运输时将张开的平板沿折缝合拢，放置在专门的支架上，使其倾角为 75°～85°。安装时，先使折板预张开一定角度（图 1.15），在就位过程中再自行张开下落至设计位置。灌筑上、下折缝混凝土后，便形成多波连续的 V 形折板屋盖结构。

折板结构可用做车间、仓库、车站、商店、住宅、体育看台等工业与民用建筑的屋盖。我国福州长乐国际机场候机楼屋盖就采用了折板结构（图 1.16）。

图 1.16　福州长乐国际机场候机楼

第四节　空间网格结构的兴起

虽然钢筋混凝土薄壳结构有许多优点，但是经过若干年工程实践以后，工程技术人员逐渐发现这种结构形式的缺点：钢筋混凝土薄壳施工时需要架设大量模板，工程量很大，施工速度较慢，工程造价很高。因而人们逐渐对它失去了兴趣，开始寻求新的结构形式。随着铁、钢材、铝合金等轻质高强材料的出现及应用，穹顶结构等各种由杆件组成的结构形式得到了迅速的发展。

公认的"穹顶结构之父"——德国工程师施威德勒在薄壳穹顶的基础上提出了一种新的构造形式，他把穹顶壳面划分为经向的肋和纬向的水平环线，并连接在一起，形成梯形网格，每个梯形网格内再用斜杆分成两个或四个三角形。这样一来，穹顶表面的内力分布就更加均匀，结构自身重量也会进一步降低，因此可以跨越更大的跨度。这种由空间杆系组成的穹顶结构，实际上已经是真正的网格结构。

在 20 世纪 50 年代后期以杆件组成的空间结构崭露头角。空间网格结构分为两种，平板形的称为网架结构，如图 1.17（a）所示；曲面形的称为网壳结构，如图 1.17（b）所示。网架结构的出现晚于网壳结构。第一个平板网架结构是 1940 年在德国建造的，距离传统的肋环形穹顶有 100 多年的历史。

（a）　　　　　　　　　　　　　　（b）

图 1.17　网格结构图

（a）双层网架结构；（b）单层网壳结构

网架结构是以多根杆件按照一定规律组合而成的网格状高次超静定结构，杆件可以由多种材料制成，如：钢、木、铝、塑料等。20 世纪 60 年代，计算机技术的发展和应用解决了网架结构力学分析的困难，促进了网架结构的迅速发展，因此网架结构是近半个世纪以来在国内外推广和应用最多的一种形式。

1964 年，我国建成了第一个平板网架结构，如图 1.18 所示的上海师范学院球类房正放四角锥网架，跨度为 31.5m×40.5m。1967 年建成的首都体育馆，如图 1.19 所示，采

图 1.18　上海师范学院球类房正放四角锥网架　　　　图 1.19　首都体育馆正交斜放网架

用正交斜放网架，其矩形平面尺寸为 99m×112m，网架厚度为 6m，采用型钢构件，高强度螺栓连接，用钢指标 65kg/m²。1973 年建成的上海万人体育馆，如图 1.20 所示。采用圆形平面的三向网架，净跨达到 110m，厚 6m，采用圆管构件和焊接空心球节点，用钢指标 47kg/m²。以上网架是我国早期成功采用平板网架结构的杰出代表。

此后，我国陆续建成的南京五台山体育馆（图 1.21）、上海体育馆、福州市体育馆等，也都采用了网架结构。

　　　　图 1.20　上海万人体育馆

　　　　图 1.21　南京五台山体育馆

网架结构在我国从 20 世纪 80 年代初开始发展，进入 20 世纪 90 年代开始普及。从 20 世纪 90 年代至 21 世纪初，是网架结构的蓬勃发展时期。目前，我国网架结构的发展规模在全世界位居前列。

在第二次世界大战结束后，网壳结构开始重新流行并获得飞速发展。美国科学家——"全能设计师"巴克斯特·富勒起了极大的推动作用，另外列德雷尔、莱特、卡达尔及其他几位卓越的设计师对网壳结构的发展也作出了很大的贡献。随着科学技术的快速发展和人们不懈的发明与创造，网壳结构无论在结构形式，还是在构造材料和计算方法上都取得了很大的发展。

因为半球形网壳是同向曲率，易于设计、制造和施工，并且可以封闭和没有支柱，从造型上看起来雄伟、高大、美观，因此在最初阶段，网壳结构形式多为半球形。随后出现了肋环形、施威德勒型球面网壳、联方形球面网壳、三向格子形球面网壳、凯威特型球面网壳（平行联方形网壳）、柱面网壳等。

从 20 世纪 80 年代后半期起，相应的理论储备和设计软件等条件初步完备，网壳结构就开始了在新的条件下的快速发展。建造数量逐年增多，各种形式的网壳，包括球面网壳、柱面网壳、鞍形网壳（扭网壳）、双曲扁网壳和各种异形网壳相继被用于实际工程中。

我国在 20 世纪 90 年代中期建造了一些规模相当宏大的网壳结构。图 1.22 所示的 1994 年建成的天津新体育馆采用肋环斜杆型双层球面网壳，圆形平面净跨 108m，周边伸出 13.5m，网壳厚度 3m，采用圆钢管构件和焊接空心球节点，用钢指标 55kg/m²。图 1.23 所示 1995 年建成的黑龙江省速滑馆用以覆盖 400m 速滑跑道，其巨大的双层网壳结构由中央柱面壳部分和两端半球壳部分组成，轮廓尺寸 86.2m×191.2m，

　　　　图 1.22　天津新体育馆

覆盖面积 15000m²，网壳厚度 2.1m，采用圆钢管构件和螺栓球节点，用钢指标 50kg/m²。
图 1.24 所示 1998 年建成的长春五环万人体育馆平面呈桃核形，由肋环形球面网壳切去中央条形部分再拼合而成，体形巨大，如果将外伸支腿计算在内，轮廓尺寸 146m×191.7m，网壳厚度 2.8m，是我国第一个方钢管网壳结构。

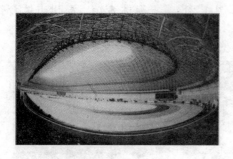 

图 1.23 黑龙江省速滑馆   图 1.24 长春五环万人体育馆

图 1.25 所示 2002 年建成的深圳市市民中心大屋顶采用了平面尺寸为(154～120)m×486m 大鹏展翅形变厚度变曲率网壳结构，在横向分为三段，两翼支承在 17 个树枝形柱帽上，中部设有两向主桁架，是我国建筑覆盖面积最大的网壳结构。

图 1.26 所示北京体院体育馆采用带斜撑的四块组合型双层扭网壳；图 1.27 所示郑州体育馆采用肋环形穹顶网壳结构；图 1.28 所示汾西矿务局工程处食堂采用组合双曲扁网架结构；图 1.29 所示中原化肥厂尿素散装库采用筒状网壳结构；1988 年建成的国家奥林匹克体育中心综合体育馆采用人字形截面双层圆柱面斜拉网壳。图 1.30 所示 1990 年建成的徐州电视塔塔楼，塔高 200m，采用直径 21m 单层联方型全球网壳，并采用地面组装、整体提升到 99mm 设计标高就位的施工安装方法。

图 1.25 深圳市市民中心大屋顶   图 1.26 北京体院体育馆

图 1.27 郑州体育馆   图 1.28 汾西矿务局工程处食堂

图 1.29　中原化肥厂尿素散装库　　　　　　图 1.30　徐州电视塔

总之，空间网格结构是我国近 20 余年以来发展最快、应用最广的空间结构类型。这类结构体系整体刚度好，技术经济指标优越，建筑造型丰富，受到建设者和设计者的喜爱，现在我国已经成为名副其实的"网架王国"。

第五节　悬索结构的发展

在空间网格结构加快发展的同时，悬索结构也得到了较快的发展。

悬索结构有着悠久的历史，它最早应用于桥梁工程中，是由柔性受拉索及其边缘构件所形成的承重结构。中国是世界上最早应用悬索结构的国家之一，在古代就曾用竹、藤等材料做吊桥跨越深谷。明朝成化年间（1465～1487 年）已用铁链建成霁虹桥；建于公元 1696～1705 年间的四川泸定桥，是跨越大渡河的铁索桥。单孔净跨 100m，宽 2.8m，如图 1.31 所示。

现代大跨度悬索结构在屋盖中的应用只有半个多世纪的历史。世界上最早的现代悬索屋盖是美国 1953 年建成的雷里体育馆，如图 1.32 所示，采用以两个斜置的抛物线拱为边缘构件的鞍形正交索网。这一结构形式的出现，极大地推动了悬索结构屋盖的发展，随后各种形式的悬索屋盖在世界各地迅速发展起来。

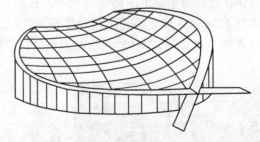

图 1.31　四川泸定桥　　　　　　　　图 1.32　美国雷里体育馆

建于 20 世纪 60 年代的日本代代木体育馆，示于图 1.33 中，采用柔性悬索结构，用数根自然下垂的钢索牵引主体结构的各个部位，从而托起了总面积 20000 多 m^2 的建筑，其凹曲金属屋顶带有鲜明的民族风格，它脱离了传统的结构和造型，被认为是技术进步的象征。图1.34所示1983年建成的加拿大卡尔加里体育馆采用鞍形双曲抛物面索网屋面，屋盖平面形状为椭圆形，长轴135.3m，外形极为美观，目前仍是世界上最大的索网结构。

图1.33　日本代代木体育馆　　　　　　　　图1.34　加拿大卡尔加里体育馆

目前，在欧美、日本、苏联等国家和地区，已经建造了不少有代表性的悬索屋盖，主要用于飞机库、体育馆、展览馆、杂技场等大跨度公共建筑和大跨度工业厂房中。

索的材料可以采用钢丝束、钢丝绳、钢绞线、链条、圆钢，以及其他受拉性能良好的线材。悬索结构能充分利用高强材料的抗拉性能，可以做到跨度大、自重小、材料省、易施工。

悬索结构一般需要引入预应力，通常采用刚性构件与悬索结构一起组合成混合结构的方式，如刚架-索混合空间结构、拱-悬索混合结构、悬索-拱-交叉索网混合结构等。优点是能充分利用某种结构类型的长处避免或抵消与之组合的另一种结构的短处，从而改进整个结构的受力性能。如图1.35所示2005年建成通车的南京长江三桥，采用的是悬索结构，跨江大桥长4744km，主桥采用主跨648m的双塔钢箱梁斜拉桥，是世界上第一座弧线形钢塔斜拉桥。

中国现代悬索结构的发展始于20世纪50年代后期。建于1961年的北京工人体育馆（图1.36）屋盖采用轮辐式双层悬索结构，跨度达到94m，是我国悬索结构大跨度建筑的经典之作。它也是最早出现在中华人民共和国邮票上的体育馆；及建于1967年采用鞍形悬索屋盖的杭州浙江人民体育馆（图1.37），无论从规模大小还是从技术水平来看，这两个体育馆在当时都达到了国际先进水平。此后，我国悬索结构的发展停顿了较长一段时间，直到1980年才建成的成都城北体育馆。此后所建成的吉林滑冰馆、安徽省体育馆、丹东体育馆、亚运会朝阳体育馆等建筑中，均采用了各种形式的悬索屋盖结构。

图1.35　南京长江三桥　　　　　　　　图1.36　北京工人体育馆

　　图 1.38 所示的亚运会朝阳体育馆采用悬索-拱-交叉索网混合结构；图 1.39 所示的四川省体育馆采用拱-悬索混合结构；浙江黄龙体育中心主体育场，如图 1.40 所示，挑篷采用斜拉索网壳结构，由网壳、内外环梁、斜拉索、稳定索等组成，网壳两边分别支承在外环梁（预应力混凝土梁）和内环梁（钢箱形梁）上，内环梁通过斜拉索悬挂在两端的预应力混凝土吊塔上，由此形成了一个由吊塔、斜拉索、内环梁、外环梁、网壳和稳定索组成的复杂空间结构。

图 1.37　浙江人民体育馆

图 1.38　朝阳体育馆

图 1.39　四川省体育馆

图 1.40　浙江黄龙体育中心主体育场

　　与网架、网壳结构比较而言，悬索结构的发展相对缓慢，主要有两方面的原因：①悬索结构的设计计算理论相对复杂，同时缺乏具有较高商品化程度的实用计算程序；②一般施工单位对悬索结构的施工并不熟悉，更没有形成专业的悬索结构施工队伍，这就影响了建设单位和设计单位大胆采用这种结构形式。

第六节　薄膜结构的发展

　　薄膜结构是以建筑膜材作为主要受力构件的结构，其起源可以追溯到远古时代游牧民族世代相传的帐篷。而现代意义的膜结构是 20 世纪中叶发展起来的一种新型空间结构形式。膜结构的材质轻薄透光、表面光洁亮丽、形状飘逸多变而备受人们欢迎。

　　薄膜结构的概念：薄膜结构也称为织物结构，它以性能优良的柔软织物为材料，由膜内空气压力支承膜面，或利用柔性钢索或刚性支承结构使膜面产生一定的预张力，从而形成具有一定刚度、能够覆盖大空间的结构体系。

　　现代意义的膜结构起源于 20 世纪初。1917 年英国人罗彻斯特提出了用鼓风机吹胀膜布用做野战医院的设想，并申请了专利。但当时这个设想只是一种构思。直到 1956 年，

图 1.41　大阪世界博览会美国馆

该专利的第一个产品才正式问世，即沃尔特·伯恩为美国军方设计制作的一个直径为 15m 的球形充气雷达罩。

第一个现代意义的大跨度膜结构是 1970 年大阪万国博览会上的美国馆，见图 1.41，采用了气承式膜结构，其准椭圆平面尺寸为 140m×83.5m，首次使用以聚氯乙烯为涂层的玻璃纤维织物；张拉式膜结构、骨架支撑式膜结构自 20 世纪 80 年代以来在发达国家获得极大的同步发展。

张拉式膜结构体系与索网结构类似，张紧在刚性或柔性边缘构件上，或通过特殊构造支承在若干独立支点上，通过张拉建立预应力，并获得最终形状。图 1.42 所示 1985 年建成的外径为 288m 的沙特阿拉伯利雅得体育场，其看台挑篷由 24 个连在一起的形状相同的单支柱帐篷式膜结构单元组成，每个单元悬挂于中央支柱，外缘通过边缘索张紧在若干独立的锚固装置上，内缘则绷紧在直径为 133m 的中央环索上。图 1.43 所示 1994 年建成的美国丹佛新国际机场候机楼屋盖，由 17 对帐篷膜单元组成，宽 67m，长 274m，帐篷面积约 1.8 万 m^2，膜材双层，间距 600mm，中间可通热空气用于冬季融雪。该工程被公认为寒冷地区大型封闭式张拉膜结构的成功典范。

图 1.42　沙特阿拉伯利雅得体育场

图 1.43　美国丹佛新国际机场候机楼

与张拉式膜结构同步发展的还有骨架支承式膜结构。例如，建于 1994 年的香港大球场，如图 1.44 所示，采用落地钢拱和立体桁架支承，容纳 4 万观众，平面尺寸 200m×250m，获 1995 年美国建筑师协会奖。20 世纪 90 年代开始，世界各地建造的膜结构多数都是采用了骨架支承式膜结构。

图 1.44　中国香港大球场

图 1.45　上海八万人体育场

与世界先进水平相比，中国在膜结构方面的差距十分明显。近几年来已建立起一定的理论储备，在膜结构应用方面近年来也开始呈现比较活泼的势头。建于1997年的上海八万人体育场，是我国首次将膜结构应用于大型永久性建筑，看台挑篷是由径向悬挑桁架和环形桁架支承的59个连续伞形薄膜单体组成的空间屋盖结构，平面轮廓尺寸274m×288m，最大悬挑长度73.5m，开创了我国大型膜结构建筑的先河。建于1999年的上海虹口体育场，采用鞍形大悬挑空间索桁架支承的膜结构，平面轮廓尺寸204m×214m，最大悬挑60m。以上两个体育场膜结构的设计、安装都主要借助于外国的力量。

图1.46　上海虹口体育场　　　　　　　　图1.47　水立方夜景

建于1997年的长沙世界之窗剧场五洲大剧院屋盖，如图1.48所示，是我国第一个主要依靠自己的技术力量设计建造的大型膜结构工程。建筑平面近似为扇形，膜后端与已有的建筑物山墙相连，膜结构部分由5个跨度不等、高度不等的双伞状膜单元组成，双伞状膜单元由两根内柱顶起，最大跨度86m。

建于2000年的青岛颐中体育场（图1.50），平面是由86m长的直段和两端半径90m的半圆弧组成的拟椭圆形，看台罩棚是由60个锥形膜单元与内环梁、外环钢桁架组成的整体张拉式膜结构，最大悬挑37m，是继上海体育场之后国内最大的膜结构工程。

图1.49所示威海市体育中心体育场，每个伞单元由中央桅杆、前后脊索、边脊索、

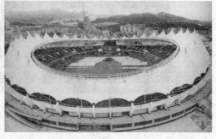

图1.48　长沙世界之窗剧场五洲大剧院　　　　图1.49　威海市体育中心体育场

图1.50　青岛颐中体育场

谷索、前后边索和薄膜等构件组成。膜单元最大悬挑长度 30m，最小 17m，膜材是 PVC 加 PVDF 面层的聚酯织物。

图 1.51 建于 2002 年的重庆涪陵体育场

20 世纪 90 年代所用膜材基本来自国外，PTFE 膜材主要来自美国、德国、日本等地，PVC 膜材主要来自法国（FERRARI）、德国（MEHLER，DURASKIN）、美国（SEAMEN）以及韩国的秀博公司等，国内生产的膜材或因物理性能欠佳，或因力学性能不足，尚难满足大型工程及我国膜结构发展的需要。

2002 年上海企业从德国引进了全套可进行 PVDF 表面处理的 PVC 聚酯纤维膜材生产线，膜材幅宽 4.05m；也有的企业正策划投资生产 PTFE 涂层玻璃纤维膜材，但目前国产玻璃纤维最细只有 6μm，短期内将制约 PTFE 膜材的国产化，但这类问题终将解决，摆脱膜材依赖进口的局面已为时不远。

目前，我国也出现了专门从事膜结构制作与安装的企业，国产膜材的质量也正在改进，水立方是国内首次使用 ETFE 膜结构，是国际上面积最大、功能要求最复杂的膜结构系统。

第七节 现代新型空间结构的出现和发展

近几十年来出现的，与以前的结构相比，采用了预拉力、新材料、新形式的现代空间结构称为新型空间结构，包括：组合网格结构、空腹网格结构、斜拉网格结构、张弦梁结构、弦支穹顶结构、索穹顶结构、开合空间结构、特种空间结构，以及各种混合结构体系（图 1.52、图 1.53）。

图 1.52 英国伦敦千年穹顶夜景

图 1.53 开启状态的德国
汉堡网球场

因为膜结构使用了新材料，其跨度和结构形式与以前相比也有了很大变化，因此膜结构属于现代新型空间结构的范畴。

组合网格结构是由钢材和钢筋混凝土组成的空间结构，它将网架上弦杆用钢筋混凝土平板代替，下弦杆和腹杆仍然用钢材，形成一种下部是钢结构，上部由钢筋混凝土组合而成的一种新型空间结构。

空腹网格结构是在空腹网架的基础上，考虑到空腹网架弦杆位于一个平面的拓扑结构受力性能并不是最佳，而根据空间结构的基本原理，将网架结构的平面变为受力更为合理的曲面而得到的。

斜拉网格结构是斜拉桥技术及预应力技术综合应用到空间结构而形成的一种新颖的预应力大跨度空间结构体系。整个结构体系通常由屋面结构、伸高的桅杆或下置的塔柱、斜拉索等部分组成共同协调工作，称为一种杂交组合空间结构，广泛应用于体育场馆、飞机库、展览馆、挑篷、仓库等工业与民用建筑。

张弦梁结构是用撑杆连接抗弯构件和抗拉构件而形成的自平衡体系。

弦支穹顶结构是将索穹顶等张拉整体结构的思路应用于单层球面网壳而形成的一种新型杂交空间结构体系。

索穹顶结构是运用张拉整体思想而产生的一种新的结构体系。索穹顶是支承于周边受压环梁上的一种索杆预应力张拉整体穹顶体系，从而使张拉整体的概念应用到大跨度建筑工程中。

开合屋盖结构是一种根据使用需求可使部分屋盖结构开合移动的结构形式，它使建筑物在屋顶开启和关闭两个状态下都可以正常使用。

特种空间结构是指高层、高耸建筑中的空间结构。

思 考 题

1. 砖石结构的缺点是什么？
2. 薄壳结构的优缺点分别是什么？
3. 折板结构的优点是什么？
4. 空间网壳结构是怎么提出的？空间网壳结构与空间网架结构相比，哪种结构形式出现的较早？空间网格结构的优点是什么？
5. 为什么最初阶段的网壳结构形式为半球形？
6. 世界上最早出现的现代悬索屋盖结构是哪座建筑物？
7. 悬索结构的优点是什么？悬索结构的索可以采用哪些材料？
8. 什么是膜结构？我国第一个主要依靠自己的技术力量设计建造的大型膜结构是哪座建筑物？
9. 什么是新型空间结构？新型空间结构包括哪些结构体系？

第三章 空间结构的发展规律

随着科学技术的发展，空间结构已成为 21 世纪建筑结构学科中最重要与最活跃的发展领域之一，回顾空间结构的发展历程，可以总结出一些空间结构的发展规律。

（1）空间结构的跨度越来越大。从古罗马的圣彼得大教堂到英国伦敦的"千年穹顶"，直径由 42m 扩大到 320m。在每一次空间结构形式的创新和发展的背后，都伴随着建筑物跨度的不断增大。近年来，已建成或在建的超过百米跨度的建筑越来越多，各种形式的空间结构向超大跨度发展，如我国国家大剧院双层空腹网壳结构的跨度为 212m×146m，国家鸟巢体育场的跨度达到了 340m×290m。

（2）空间结构向轻量方向发展。随着空间结构跨度的增加，结构自重对跨度的影响也越来越明显，从空间结构的发展过程来看，结构的自重越来越轻，从砖石穹顶的 6400kg/m^2 减少到膜结构的 10kg/m^2，体现了建筑结构飞跃的进步。

（3）由单一结构向组合杂交结构发展。随着空间结构的发展，多种材料互相组合，多种构件互相杂交，取长补短，发展为各种组合结构、杂交结构。

（4）从刚性结构体系向柔性结构体系发展。近年来，索杆张力结构等新型结构体系的研究开发和工程应用一直是国际、国内空间结构界研究的重点，这些新型结构体系集新材料、新技术、新工艺和高效率于一体，是先进建筑科学技术水平的反映。这些空间结构形式将会逐步成为大跨度建筑的主要结构形式。

（5）从固定屋盖结构向可开启结构发展。随着社会物质生活水平不断提高的需求，空间结构在功能上提出更高的要求，可开启结构正在得到重视和应用。

（6）从单一的设计技术向制造信息化集成技术发展。空间结构制作加工过程包括设计、翻样、材料采购、下料、加工等多个工序，随着信息技术、设计技术、制造技术、管理技术的综合应用，提高生产效率和实现定制化策略，空间结构的创新能力和企业管理水平不断提高。

（7）大型空间结构施工方法需要创新。随着空间结构的结构形式越来越多样化，跨度越来越大，空间结构的施工方法需要创新，施工技术也得到了发展。每年因施工方法不当造成的工程事故不少，因方案选择不合理造成巨大的浪费，因技术手段不足，大量工程没有建立在科学的分析基础上，产生严重隐患。

（8）空间结构理论研究深入发展。随着空间结构体系和形式的不断创新，必然伴随着空间结构的理论在深度和广度的不断发展。目前的研究逐渐从静力拓展到动力、从线性到非线性，涉及的问题包括空间结构的静动力稳定性、索膜结构找形分析、柔性结构的风振响应等。我国空间结构理论研究总体水平上进入到国际先进行列。

（9）检测与加固技术伴随发展。空间结构多为关系到国计民生的公共性建筑，同时也是标志性建筑，大量采用钢材、膜材、高强钢束等新型材料，环境的侵蚀、材料的老化、地基的不均匀沉降和复杂荷载、疲劳效应与突变效应等因素的耦合作用，将不可避免地导致结构系统的损伤积累和抗力衰减，极端情况下引发灾难性的突发事件。

思　考　题

空间结构的发展规律是什么？

第二篇　空间网架结构

空间网格结构是由多根杆件按照某种有规律的几何图形通过节点连接起来的空间结构。空间网格结构与平面桁架、刚架不同之处在于其连接构造是空间的，可以充分发挥空间三维捷径传力的优越性，特别适宜于覆盖大跨度建筑。

第一章　空间网架结构概述

第一节　空间网格结构与空间网架结构的定义

空间网格结构的外形可以成平板形状，也可以成曲面形状。平板形状的为网架结构，如图 2.1 (a) 所示，曲面形状的为网壳结构，如图 2.1 (b)、(c) 所示。网格结构是网架与网壳结构的总称。网架与网壳结构统称为空间网格结构。

绝大部分空间网格结构是采用钢管或型钢材料制作而成，只有个别网格结构是采用钢筋混凝土、木材或塑料制作的。

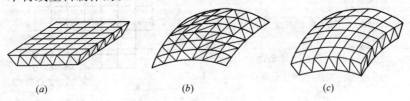

(a) (b) (c)

图 2.1　网格结构图

(a) 双层网架结构；(b) 单层网壳结构；(c) 双层网壳结构

第二节　网架结构的形式与分类

1. 分类

网架结构一般为双层，有时也有三层或多层的。

双层网架是由上弦、下弦和腹杆组成，如图 2.2 所示；三层网架是由上弦、中弦、下弦、上腹杆和下腹杆组成，详见第五章。

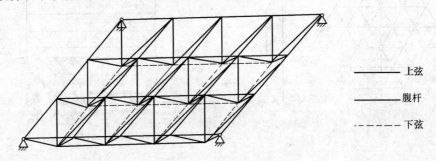

上弦
腹杆
下弦

图 2.2　双层网架示例

按照杆件的布置规律及网格的格构原理分类：交叉桁架体系和角锥体系。其中，交叉桁架体系又可细分为两向正交正放网架、两向正交斜放网架、两向斜交斜放网架、三向交叉网架、单向折线形网架；角锥体系又可细分为四角锥体系网架、三角锥体系网架、六角锥体系网架。

2. 交叉桁架体系网架

交叉桁架体系网架包括五种形式。

正交：两个方向的平面桁架交叉，其交角为 90°。

正放：两个方向的桁架与边界平行或垂直。

斜放：两个方向的桁架与边界呈 45°交角。

斜交：两个方向的平面桁架交叉，其交角不是 90°。

三向交叉：三个方向的桁架按 60°交角相互交叉。

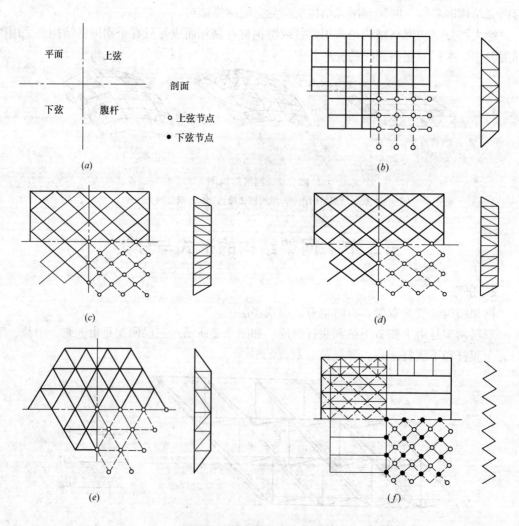

图 2.3 交叉桁架体系网架

（a）图例；（b）两向正交正放网架；（c）两向正交斜放网架；（d）两向斜交斜放网架；
（e）三向交叉网架；（f）单向折线形网架

（1）两向正交正放网架：两向桁架正交，弦杆与边界平行或垂直。其节点构造简单，便于施工。因其弦杆构成四边形网格为几何可变体系，因此，一般在其上弦平面周边设置水平支撑杆件（也可设于下弦平面），以使网架能有效传递水平荷载。

（2）两向正交斜放网架：两向桁架正交，弦杆与边界呈 45°交角。这种网架存在长桁架与短桁架交叉的情况，靠角部的短桁架刚度较大，对与其垂直的长桁架起支承作用，可降低长桁架中弦杆的内力，但同时长桁架在角部会产生负弯矩。比如长桁架角点支承处，会产生较大的拉力，设计时应注意处理。

（3）两向斜交斜放网架：两向桁架斜交，弦杆与边界轴线斜交成一定角度。它适用于两个方向网格尺寸不同而弦杆长度相等的情况，可用于梯形或扇形建筑平面，节点构造与施工均较复杂，受力性能不佳。因此，只是在建筑上有特殊要求时才考虑选用。

（4）三向交叉网架：三个方向的桁架按 60°交角相互交叉而成。其上、下弦杆平面内的网格呈三角形，因此，这种网架是由许多稳定的正棱柱体为基本单元组成。受力性能好，空间刚度大，能把内力均匀地传递给支座，但节点汇交的杆件数量多，最多可达 13根，节点构造复杂。它适用于大跨度，且建筑平面呈三角形、六边形、多边形和圆形的情况。

（5）单向折线形网架：适合狭长矩形平面的建筑（长跨比在 2：1 以上时），长跨方向弦杆内力很小，从承载力角度考虑可将长向杆件取消，沿短向支撑。折线形网架适合狭长矩形平面的建筑，它的内力分析简单。无论多长的网架，沿长度方向仅需计算 5～7 个节间。

3. 四角锥体系网架

四角锥体系网架的上、下弦均呈正方形（或接近正方形的矩形）网格，并相互错开半格，使下弦网格的角点对准上弦网格的形心，上、下弦节点间用腹杆连接起来。

（1）正放四角锥网架：受力均匀，空间刚度好。适用于较大屋面荷载、大柱距、点支承及设有悬挂吊车工业厂房等建筑。

（2）正放抽空四角锥网架：是将正放四角锥除周边外，相间地抽去锥体的腹杆及下弦杆，使下弦网格扩大一倍。其受力与两向正交桁架相似。这种网架杆件较少，经济效果好，可利用抽空处作采光窗，但下弦内力较正放四角锥网架约大一倍，内力的均匀性和刚度有所下降，不过仍能满足工程需要。它适用于屋面荷载较轻的中、小跨度网架。

（3）斜放四角锥网架：这种网架的上弦与边界成 45°交角，下弦正放，腹杆与下弦在同一垂直面内，上弦杆长度约为下弦杆的 0.707 倍，所以出现短压杆、长拉杆的情况，受力合理，节点汇交杆也较少。适用于中、小跨度建筑。由于上弦网格斜放，屋脊处宜用三角形屋面板，周边应用刚性系杆连接，否则会出现绕 Z 轴旋转的不稳定情况。

（4）棋盘形四角锥网架：上、下弦方向与斜放四角锥网架对调。由于上弦正放，屋面板可用方形，也具有短压杆、长拉杆的特点。另外，由于周边满堆，因此它的空间作用得到保证，适用于中、小跨度周边支承网架。

（5）星形四角锥网架：这种网架的单元体形像星体，星体单元是由两个倒置的三角形小桁架相互交叉而成。两小桁架交汇处设有竖杆，这种网架也是短压杆、长拉杆，受力合理，它适用于中、小跨度周边支承网架。

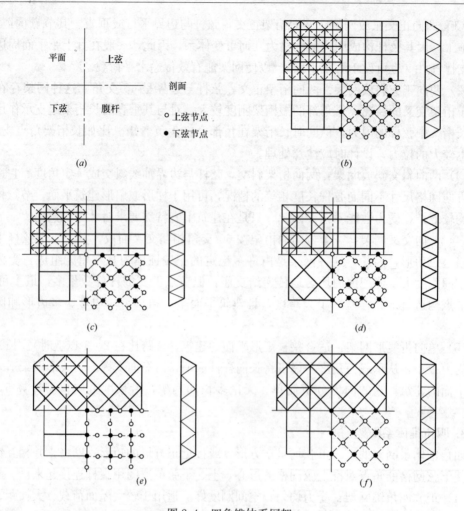

图 2.4　四角锥体系网架

（*a*）图例；（*b*）正放四角锥；（*c*）正放抽空四角锥；（*d*）棋盘形四角锥；（*e*）斜放四角锥；（*f*）星形四角锥

4. 三角锥体系网架

（1）三角锥网架：三角锥体系网架的上、下弦均为三角形网格，下弦节点位于上弦三角形网格的形心。杆件受力均匀，整体抗扭、抗弯刚度好，上、下弦节点均交汇 9 根杆件，节点构造统一。它适用于大中跨度、屋面荷载较大的建筑。当建筑平面为三角形、六边形或圆形时，有较好的平面适应性。

（2）抽空三角锥网架：抽空三角锥网架是在三角锥网架的基础上，抽去部分三角锥单元的腹杆和下弦杆，使下弦改为三角形和六边形相组合的图形。上弦交汇 8 根杆件，下弦交汇 6 根杆件。上弦网格较密，便于铺设屋面板，下弦网格较疏，可以节约钢材。根据几何不变性分析可知，某种网架当周边上弦节点均设有竖向支承链杆，并且网架整体布置中有 3 根以上不平行且不交于一点的水平链杆时，即可满足几何不变性的必要和充分条件。由于抽空三角锥网架的下弦抽空较多，所以刚度较三角锥网架差，相邻下弦杆内力差别也较大，故它适用于轻屋面，跨度较小和三角形、六边形或圆形平面的建筑。

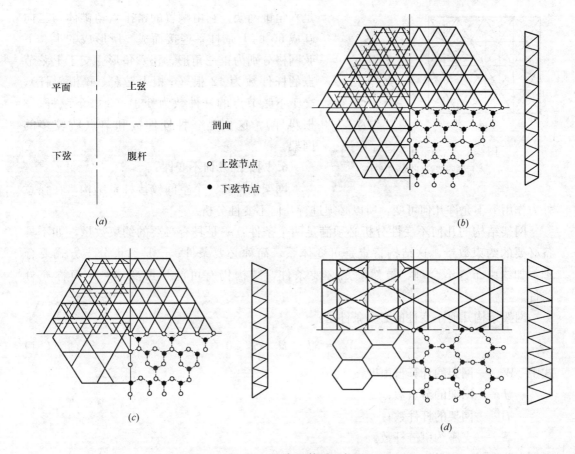

图 2.5 三角锥体系网架

(a) 图例；(b) 三角锥网架；(c) 抽空三角锥网架；(d) 蜂窝形三角锥网架

北京为了迎接 2008 年奥运会而修建的首都机场航站楼，如图 2.6 所示，局部采用了抽空三角锥网架和轻质彩钢板屋面围护材料，并且利用上弦的三角形网格形状，在屋顶开设了三角形天窗，给人一种独特的视觉效果。

（3）蜂窝形三角锥网架：蜂窝形三角锥网架的上弦平面为正三角形和正六边形网格，下弦平面为正六边形网格，腹杆与下弦在同一垂直平面内。这种网架也有短上弦、

图 2.6 首都机场航站楼

长下弦的特点，每个节点只交汇 6 根杆件，它是常用网架中杆件数和节点数最少的一种，但上弦平面的六边形网格增加了屋面起拱的困难。适用于中、小跨度周边支承结构。可用于六边形、圆形或矩形平面。

5. 六角锥体系网架

它的基本单元体是由 6 根弦杆、6 根斜杆构成的正六角锥体，即七面体。主要形式就

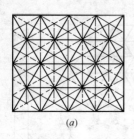

（a）　　　　　　　　（b）

图 2.7　六角锥体系网架

（a）六角锥网架；（b）六角锥体

是六角锥网架，它由顺置的密排六角锥体与三向互成 60°的上弦杆系连接而成。所形成的上、下弦网格分别为正三角形、正六角形。交于上弦节点的杆件数为 12 根（6 根上弦杆、6 根斜杆），交于下弦节点的杆件数为 6 根（3 根下弦杆、3 根斜杆）。这也是一种杆件数和节点数较多的网架。

6. 网架的几何不变性

网架结构是一个空间铰接杆系结构，在任意外力作用下不允许几何可变，所以必须进行几何不变性分析。

网架结构的几何不变性分析必须满足两个条件：一是具有必要的约束数量，如不具备必要的约束数量，这结构肯定是可变体系，简称必要条件；二是约束分支方式要合理，如约束布置不合理，虽然满足必要条件，结构仍有可能是可变体系，简称充分条件。

网架结构几何不变性的必要条件是：

$$W = 3J - B - S \leqslant 0 \qquad (2-1)$$

式中　W——网架的计算自由度；

J——网架的节点数；

B——网架的杆件数；

S——支座约束链杆数。

由此可见：当 $W > 0$ 时，该网架为几何可变体系；

当 $W = 0$ 时，该网架无多余杆件，如杆件布置合理，则该网架为静定结构；

当 $W < 0$ 时，该网架有多余杆件，如杆件布置合理，该网架为超静定结构。

网架结构几何不变性的充分条件是：

（1）三个不在一个平面上的杆件汇交于一点，该点为空间不动点，即几何不变；

（2）三角锥是组成空间结构几何不变的最小单元，如图 2.8 所示；

（3）由三角形图形的平面组成的空间结构，其节点至少为三平面交汇点时，该结构为几何不变体系。

例 2-1： 如图 2.9（a）所示四角锥体，分析它是否几何可变。

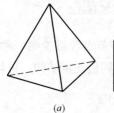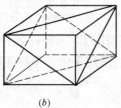　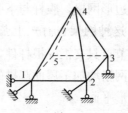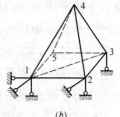

（a）　　　　　　　（b）　　　　　　（a）　　　　　　（b）

图 2.8　基本单元　　　　　图 2.9　四角锥单元

解：1. 必要条件分析：节点数 $J=5$，杆件数 $B=8$，支座约束链杆数 $S=6$，$W=3J-B-S=3\times5-8-6=1>0$，说明是几何可变。

如果在图（a）图上加一根杆件 13，如图（b）所示，则杆件数 $B=9$，其余不变：$W=3J-B-S=3\times5-9-6=0$（满足要求）。

2. 充分条件分析：

1 点有三个支座链杆，是不动点；

2 点有两个链杆和一个杆件，是不动点；

3 点有一个链杆和两个杆件，是不动点；

4 点有三个杆件，是不动点；

5 点有三个杆件，是不动点。

所以该四锥体加一根杆件后就可成为几何不变体，没有多余链杆，是静定结构。

例 2-2：如图 2.10 所示五角锥体，分析它是否几何可变。

解：1. 必要条件分析：节点数 $J=6$，杆件数 $B=10$，支座约束链杆数 $S=8$，$W=3J-B-S=3\times6-10-8=0$，说明是几何不变。

2. 充分条件分析：

1 点有三个支座链杆，是不动点；

2 点有两个链杆和一个杆件，是不动点；

3 点有三个杆件，是不动点；

4 点有三个杆件，是不动点；

5 点有三个支座链杆，是不动点；

6 点有三个杆件，是不动点。

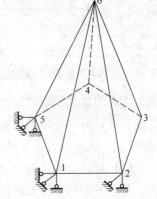

图 2.10 五角锥体

所以该五锥体是几何不变体，没有一杆多余杆件，是静定结构。

第三节 网架结构的支承

网架结构的支承方式分为刚性支承和弹性支承两类。刚性支承是指在荷载作用下没有竖向位移，可以有水平位移，也可以没有水平位移，一般适用于网架直接搁置在柱上、墙上或具有较大刚度的钢筋混凝土梁上；弹性支承一般是指三边支承网架中的自由边设反梁支承、桁架支承、拉索支承等情况。本节只讲述满足刚性支承条件的支承构件布置。

网架的支承方式有：周边支承、三边支承、对边支承、多点支承、四点支承、混合支承等，如图 2.11 所示。

（1）周边支承：周边支承网架是在网架四周全部或部分边界节点设置支座，支座可支承在柱顶或圈梁上，网架受力类似于四边支承板，是常用的支承方式。为了减少弯矩，也可将周边支座略微缩进，这种布置和点支承已很接近。这种支承方式的柱子间距比较灵活，网格分割不受柱距限制，便于建筑平面和立面的灵活变化，网架受力均匀，空间刚度大，可以不设置边桁架，因此用钢量较少。

（2）三边支承：当矩形建筑物的一边轴线上因生产的需要必须设计成开敞的大门和通

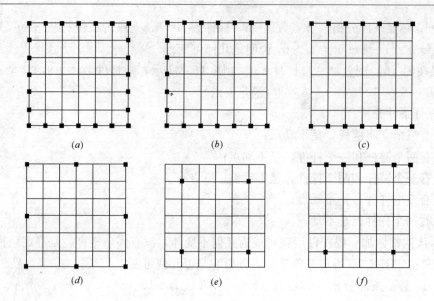

图 2.11 网架支承方式

(a) 周边支承；(b) 三边支承；(c) 对边支承；(d) 多点支承；(e) 四点支承；(f) 混合支承

道，或者因建筑功能的要求某一边不能布置承重构件时，四边形网架只有三个边上可设置支座节点，另一个边为自由边。三边支承网架自由边的处理方式有两种：设置支撑系统（加反梁）或不设置支撑系统。当跨度较大时，应在开口处加反梁较为合理。

（3）对边支承：四边形网架只有其两对边上的节点设计成支座节点，其余两边为自由边。对于平面尺寸较长而设有变形缝的厂房屋盖，常采用三边支承或对边支承。

（4）多点支承：是指整个网架支承在多个支承柱上，其受力与钢筋混凝土无梁楼盖相似，没有减小跨中正弯矩和挠度，支承点多对称布置，并在周边设置悬臂段，以平衡一部分跨中弯矩，减少跨中挠度。多点支承网架主要适用于体育馆、展览厅等大跨度公共建筑中。

多点支承的网架宜设置柱帽，如图 2.12 所示。柱帽宜设置于下弦平面之下，也可以设置于上弦平面之上，或者将上弦节点直接搁置于柱顶，柱帽呈倒伞形。多点支承网架的悬臂长度可以取跨度的 1/4~1/3。

（5）混合支承：是边支承与多点支承相结合的网架支承方式，它是在边支承的基础

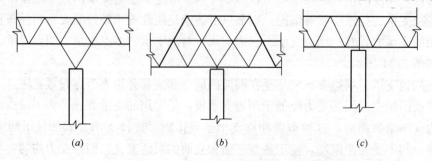

图 2.12 多点支承网架柱帽设置

(a) 设置于下弦平面之下；(b) 设置于上弦平面之上；(c) 直接搁置于柱顶

上，在建筑物内部增设中间支承点。这样就缩短了网架的跨度，可以有效地减小网架杆件的内力和网架的挠度，并达到节约钢材的目的。

第四节 网架结构的选型

网架结构的形式很多，结构选型是一个复杂的问题。影响网架结构选型的主要因素有：建筑平面形状、跨度大小、支承条件、荷载形式及大小、刚度要求、屋面构造、屋面材料、网架的制作和安装方法等。

衡量选型是否恰当合理的几个重要方面为：网架结构的技术经济指标、制作安装等施工技术水平和所需的施工周期。

1. 制作方法

以网架的节点为例，当节点采用焊接节点时，由平面桁架系组成的交叉桁架体系网架，其制作比由角锥体组成的空间桁架体系网架较为方便。

同一体系中不同类型网架的对比：两向正交正放网架比三向网架制作方便；四角锥网架比三角锥网架制作方便。

2. 安装方法

网架的安装方法不是采用整体提升或吊装，而是采用分条或分块安装，或采用高空滑移法。选用两向正交正放网架、正放四角锥网架、正放抽空四角锥网架等三种正交正放类网架比选用斜放类网架有利，因为斜放类网架在分条或分块吊装时，往往因为刚度不足或几何可变性而要增设临时支撑，这是不经济的。

3. 用钢指标

当采用周边支承并且平面接近方形时，通过满应力优化设计方法来比较，斜放四角锥网架、棋盘形四角锥网架的用钢量省。因为这两种网架的上弦是受压构件，网格小、杆件短、压杆稳定验算时稳定承载力接近截面强度，材料利用率高；下弦是受拉构件，网格大、受拉构件长，节点和杆件数量少，所以用钢量省。

当采用周边支承并且平面尺寸的边长比大于 1.5 时，因为应力分布的关系，正交正放类网架在相同条件下就比斜放类网架的用钢量少，一些抽空椎体网架的用钢量一般比不抽空椎体网架少，但是抽空椎体网架的杆件内力比不抽空时的变化要大，对节点和杆件设计的要求高，并且相对复杂。正交正放类网架就比斜放类网架的用钢量省。

4. 跨度大小

网架结构按跨度大小分类：60m 以上为大跨；30~60m 为中跨；30m 以下为小跨。

通过造价等因素综合分析表明：跨度大小对网架结构的选型影响不大。但是大跨度网架一般都是重要的建筑，目前我国多采用两向正交正放网架、两向正交斜放网架、三向网架等平面桁架体系组成的网架结构。因为这几种大跨度网架的设计、施工经验比较丰富，技术比较熟练。

三向网架、三角锥网架、六角锥网架的构造较为复杂，用钢量大，所以在中小跨度中较少采用。

5. 网架的刚度

网架的刚度比平面钢屋架的刚度大得多，但是各种网架之间，不论是水平刚度还是垂直刚度，其差别还是不小的。比如斜放四角锥网架，它本身是几何可变的，再增设边缘构件或有强大的圈梁时才能保证其几何不变性。一般地，节点数和杆件数较多的网架，如三角锥网架、六角锥网架、三向网架、正放四角锥网架的刚度较大；反之，节点数和杆件数较少的网架，如斜放四角锥网架、棋盘形四角锥网架、抽空三角锥网架、蜂窝形三角锥网架的刚度较小。

6. 平面形状

平面形状为矩形的周边支承网架，当边长比≤1.5 时：宜选用正放或斜放四角锥网架、棋盘形四角锥网架、正放抽空四角锥网架、两向正交斜放或正放网架；对于中小跨度，也可选用星形四角锥和蜂窝形三角锥网架；当边长比＞1.5 时：宜选用两向正交正放网架、正放四角锥网架或正放抽空四角锥网架。

平面形状为矩形的多支点支承网架：可选用正放四角锥网架、正放抽空四角锥网架、两向正交正放网架。对于多点支承和周边支承相结合的多跨网架：可选用两向正交斜放或斜放四角锥网架。

对于其他平面形状，比如圆形、正六边形及接近正六边形并且周边支承的网架，可选用三向网架、三角锥网架或抽空三角锥网架；对于小跨度也可选用蜂窝形三角锥网架。

7. 支承条件

当为多点支承条件时，选用正交正放类网架较为合适。因为多点支承时这种正交正放类网架的受力性能比斜放类网架合理，挠度也小。

当为三边支承一边开口支承条件时，宜选用正交正放类网架。

当为周边支承和多点支承相结合的支承条件时，选用正交正放类、斜放类，但一般不采用三向网架和三角锥体、六角锥体组成的网架。

8. 组合网架形式的应用

对于跨度不大于 40m 的多层建筑楼层和跨度不大于 60m 的屋盖：可采用钢筋混凝土板代替网架的上弦，形成组合网架。组合网架宜采用正放四角锥组合网架、正放抽空四角锥组合网架、两向正交正放组合网架、斜放四角锥组合网架及蜂窝形三角锥组合网架。

9. 网架结构弦杆层数的选择

网架结构按弦杆层数的不同可分为：双层和三层（多层）网架。网架结构弦杆层数的增加使网架结构有以下变化：

①网架高度增加；

②弦杆内力减小；

③螺栓球节点的应用范围扩大；

④腹杆长度减少；

⑤节点和杆件数量增多；

⑥用钢量增大。

总体来说，网架选型是一个影响因素较多、综合性强的问题，必须根据适用于经济和施工技术水平的原则，进行多个方面综合分析、比较确定。

第五节　网架结构的荷载和作用

1. 荷载

网架结构的荷载主要是永久荷载、可变荷载和作用。

（1）永久荷载：网架杆件自重、节点自重、楼面或屋面覆盖材料自重、吊顶材料自重、设备管道自重。上述荷载中，可以根据实际使用材料查《建筑结构荷载规范》取用，其中网架杆件自重和节点自重以及楼面或屋面覆盖材料自重必须考虑，吊顶材料自重以及设备管道自重根据实际工程情况而定。

网架的节点自重一般占网架杆件总重的 20%～25%，如果网架节点的连接形式已定，就可计算它的节点自重。

（2）可变荷载

可变荷载包括屋面或楼面活荷载、雪荷载、积灰荷载、风荷载等。

①屋面或楼面活荷载：网架的屋面一般为不上人屋面，屋面活荷载是屋面检修荷载，其值可以根据工程性质按《建筑结构荷载规范》取用。

②雪荷载：雪荷载标准值按屋面水平投影面积计算，其计算表达式为：

$$s_k = \mu_s s_0 \tag{2-2}$$

式中　　s_k ——雪荷载标准值（kN/m^2）；

　　　　μ_s ——屋面积雪分布系数，按网架屋面考虑 $\mu_s = 1.0$；

　　　　s_0 ——基本雪压（kN/m^2），可以根据地区不同查《建筑结构荷载规范》。

③积灰荷载：工业厂房采用网架时，应根据厂房性质考虑积灰荷载，积灰荷载的大小可由工艺专业提出，也可以参考《建筑结构荷载规范》有关规定采用。积灰荷载应与雪荷载或屋面活荷载两者中的较大值同时考虑。

④风荷载：对于周边支承，并且支座节点在上弦的网架，风荷载由四周墙面承受，计算时可以不考虑风荷载。对于其他支承情况，应根据实际工程情况考虑水平风荷载作用。由于网架刚度较好，自振周期较小，计算风荷载时，可以不考虑风振系数的影响，风荷载应该按《建筑结构荷载规范》进行取值，规范未作规定的大型或复杂网架结构形式，应通过风洞试验来确定。

（3）作用：作用有两种，温度作用和地震作用。

①温度作用：由于温度变化，使网架杆件产生的附加温度应力，必须在计算和构造措施中加以考虑。

②地震作用：我国是地震多发区，地震作用不能忽视。根据我国行业标准《网架结构设计与施工规程》JGJ 7—91 规定，周边支承的网架，当建造在设防烈度为 8 度或 9 度的地区时，应进行竖向抗震验算，当建造在设防烈度为 9 度地区时应进行水平抗震验算。

2. 荷载组合

作用在网架上的荷载类型很多，应根据使用和施工过程中可能出现的最不利荷载进行组合。

当无吊车荷载、风荷载和地震作用时，荷载及荷载效应组合按国家标准《建筑结构荷载规范》进行计算，网架应考虑以下三种荷载组合，其中后两种荷载组合主要考虑斜腹杆的编号。当采用轻屋面或屋面板对称铺设时，可以不计算。荷载组合的一般表达式为：

(1) 永久荷载＋可变荷载

(2) 永久荷载＋半跨可变荷载

(3) 网架自重＋半跨屋面自重＋施工荷载。

抗震设计的荷载及荷载效应组合按国家标准《建筑抗震设计规范》确定内力值，网架结构的内力和位移可以按弹性阶段进行计算。

当考虑吊车荷载时，或考虑多台吊车的竖向荷载组合时，对于一层吊车的单跨厂房网架，参与组合的吊车台数不应多于两台；对于一层吊车的多跨厂房的网架，参与组合的吊车台数不应多于四台。

当考虑多台吊车的水平荷载组合时，参与组合的吊车台数不应多于两台。

由于吊车荷载是移动荷载，其作用位置不断变动，网架又是高次超静定结构，考虑吊车荷载时的最不利荷载组合比较复杂。目前常用的组合方法是由设计人员根据经验人为地选定几种吊车组合及位置，作为单独的荷载工况进行计算。

第六节　网架结构的杆件

1. 杆件材料和截面形式

网架杆件的材料采用钢材，钢材品种主要为 Q235 和 16Mn 钢。

网架杆件的截面形式有：圆管、由两个等肢角钢组成的 T 形、由两个不等边角钢长肢相并组成的 T 形截面、单角钢、型钢和方管等。

圆管截面具有回转半径大和截面特性无方向性等特点，是目前最常用的截面形式。根据资料分析表明，当截面面积相等条件下，圆管的轴压承载力是两个等肢角钢组成截面的1.2～2.75 倍。圆钢管截面有高频电焊钢管及热轧无缝钢管两种。在设计中应尽量采用高频电焊钢管，因为它比热轧无缝钢管价格便宜，并且壁厚较薄。

薄壁方钢管截面具有回转半径大、两个方向回转半径相等的特点，是一种较经济的截面形式，目前国内对这种截面的节点形式研究很少，应用还不广泛。

角钢组成的 T 形截面适用于板节点连接，因为工地焊接工作量大，制作复杂，采用也较少。

单角钢适用于受力较小的腹杆，H 型钢适用于受力较大的弦杆。

2. 杆件的计算长度和容许长细比

网架与平面桁架相比，网架节点处汇交的杆件较多，节点嵌固作用较大。网架杆件的计算长度经模型试验和参考平面桁架而确定。网架杆件的计算长度可由表 2.1 查得。

网架杆件计算长度 l_0 表 2.1

杆　件	节　点		
	螺栓球	焊接空心球	板节点
弦杆及支座腹杆	l	$0.9l$	l
腹杆	l	$0.8l$	$0.8l$

网架的长细比不宜超过下列数值：

受压杆件：　　　　　　　　　　　　　　180

受拉杆件：

（1）一般杆件：　　　　　　　　　　　400

（2）支座附近杆件：　　　　　　　　　300

（3）直接承受动力荷载杆件：　　　　　250

杆件截面的最小尺寸应根据网架跨度及网格大小确定，普通型钢不宜小于 50×3，钢管不宜小于 $\phi48\times2$。同时还应注意以下几点：

（1）构造设计：宜避免难于检查、清刷、油漆以及积留湿气或灰尘的死角或凹槽。对于管形截面，应将两端封闭。

（2）杆件的截面选择除应进行强度、稳定验算外，还应注意以下几点：

①每个网架所选截面规格不宜过多，一般较小跨度网架以 2～3 种为宜，较大跨度也不宜超过 6～7 种。

②杆件在同样截面面积条件下，宜选薄壁截面，这样能增大杆件的回转半径，对稳定有利。

③杆件截面宜选用市场上供应的规格，设计手册上所载有的规格不一定都能供应。

④杆件长度和网架网格尺寸有关，确定网格尺寸时除考虑最优尺寸及屋面板制作条件等因素外，也应考虑一般常用的定尺长度，以避免剩头过长造成浪费。

⑤钢管出厂一般均有负公差，所以选择截面时应适当留有余量。

第七节　网架结构的节点类型

1. 节点的作用

在网架结构中，节点起着连接汇交杆件、传递屋面荷载和吊车荷载的作用。

一个节点上的杆件数：网架属于空间杆件体系，汇交于一个节点上的杆件数至少有 6 根，多的达 13 根。这给节点设计增加了难度。

节点数量：网架的节点数量多，节点用钢量占整个网架杆件用钢量的 1/5～1/4。合理设计节点对网架的安全度、制作安装、工程进度、用钢量指标以及工程造价有直接关系。节点设计是网架设计中重要环节之一。

2. 网架的节点构造应满足下列要求：

（1）受力合理，传力明确，务必使节点构造与所采用的计算假定尽量相符，使节点安全可靠。

（2）保证汇交杆件交于一点，不产生附加弯矩。

（3）构造简单，制作简便，安装方便。

（4）耗钢量少，造价低廉。

3. 按节点构造划分的节点类型有以下几种：

（1）十字交叉钢板节点：它是从平面桁架节点的基础上发展而成，杆件由角钢组成，杆件与节点板连接可采用角焊缝，也可用高强度螺栓连接。

（2）焊接空心球节点：它是有两个热压成半球后再对焊而成空心球，杆件焊在球面上，杆件与球面连接焊缝可采用对接焊缝或角焊缝，杆件由钢管组成。

（3）螺栓球节点：它是通过螺栓、套筒等零件将杆件与实心球连接起来，杆件由钢管组成。

（4）直接汇交节点：它是将网架中的腹杆（支管）端部经机械加工成相贯面后，直接焊在弦杆（主管）管壁上，也可将一个方向弦杆焊在另一个弦杆管壁上。这种节点避免了采用任何连接件，节省节点用钢量，但要求装配精度高，杆件由钢管或方管组成。

经过多年的工程实践，目前国内最常用节点形式是焊接空心球节点和螺栓球节点。

4. 焊接空心球节点

焊接空心球节点是我国采用最早也是目前应用较广的一种节点。它由两个半球对焊而成，分为加肋和不加肋两种，如图 2.13 所示。

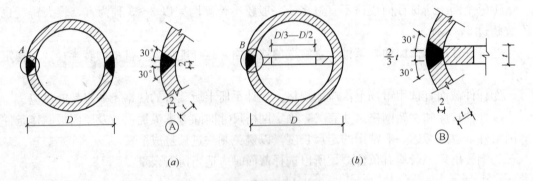

图 2.13　网架的焊接空心球节点
(a) 不加肋的空心球；(b) 加肋的空心球

（1）加肋焊接空心球节点：当空心球外径不小于 300mm，且杆件内力较大需要提高承载力时，球内可加环肋，其厚度不应小于球壁厚度；内力较大的杆件应位于肋板平面内。如图 2.13 (b) 所示。

不加肋焊接空心球节点：当空心球外径小于 300mm，且杆件内力较小时，可以不加肋。如图 2.13 (a) 所示。

（2）焊接空心球的半球有冷压和热压两种成型方法：

热压成型简单，不需很大压力，用得最多。热压工序如图 2.14 所示。

冷压不但需要较大压力，要求材质好，而且模具磨损较大，目前很少采用。

（3）适用范围：适用于圆钢管连接，构造简单，传力明确，连接方便。由于球体无方向性，可与任意方向的杆件相连，只要切割面垂直于杆件轴线，杆件就能在空心球上自然对中而不产生节点偏心，当汇交杆件较多时，优点更为突出。因此它的适应性强，可用于各种形式的网架结构，也可用于网壳结构。

5. 焊接空心球的受压、受拉承载力计算

当空心球直径为 120～500mm 时，其受压、受拉承载力设计值可分别按式 (2-3)、(2-4) 计算。

（1）受压空心球

(a)　　　　　　　　　　　　(b)

(c)　　　　　　　　　　　　(d)

图 2.14　焊接空心球半球的热压工序

(a) 半球按圆形下料；(b) 圆形钢板在火中加热；(c) 半球热压成型；(d) 冷却后的半球

$$N_{c} \leqslant \eta_{c} \left(400td - 13.3 \frac{t^2 d^2}{D} \right) \tag{2-3}$$

式中　N_{c}——受压空心球的轴向压力设计值（N）；

　　　D——空心球外径（mm）；

　　　t——空心球壁厚（mm）；

　　　d——钢管外径（mm）；

　　　η_{c}——受压空心球加肋承载力提高系数，不加肋 $\eta_{c} = 1.0$，加肋 $\eta_{c} = 1.4$。

（2）受拉空心球

$$N_{t} \leqslant 0.55 \eta_{t} td \pi f \tag{2-4}$$

式中　N_{t}——受拉空心球的轴向拉力设计值（N）；

　　　t——空心球壁厚（mm）；

　　　d——钢管外径（mm）；

　　　f——钢材强度设计值（N/mm²）；

　　　η_{t}——受拉空心球加肋承载力提高系数，不加肋 $\eta_{t} = 1.0$，加肋 $\eta_{t} = 1.1$。

（3）焊接空心球节点的传力路径

不管是受拉还是受压，传力途径都是由杆件直接传到球节点上。

（4）焊接空心球壁厚取值

空心球外径与壁厚的比值可按设计要求在 25～45 范围内选用；空心球壁厚与钢管最大壁厚的比值宜选用 1.2～2.0；空心球壁厚不宜小于 4mm。

（5）焊接空心球外径取值

在确定空心球外径时，球面上网架相连接杆件之间的缝隙 a 不宜小于 10mm，如图 2.15 所示。为了保证缝隙 a，空心球外径也可初步按式 (2-5) 估算：

$$D = (d_1 + 2a + d_2)/\theta \tag{2-5}$$

式中 θ——汇集于球节点任意两钢管杆件间的夹角（rad）；

d_1、d_2——组成 θ 角的钢管外径（mm）。

（6）焊接空心球的构造要求

钢管杆件与空心球连接，钢管应开坡口。在钢管与空心球之间应留有一定缝隙予以焊透，以实现焊缝与钢管等强，否则应按角焊缝计算。为了保证焊缝质量，钢管端头可加套管与空心球焊接，如图 2.16 所示。

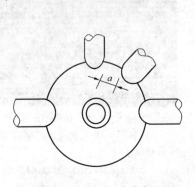

图 2.15 空心球节点

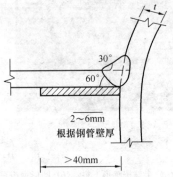

图 2.16 加套管连接

角焊缝的焊脚尺寸应符合下列要求：

①当 $t \leqslant 4$mm 时，$h_f \leqslant 1.5t$；

②当 $t > 4$mm 时，$h_f \leqslant 1.2t$。

其中：t 为钢管壁厚，h_f 为焊脚尺寸。

6. 螺栓球节点

（1）组成：螺栓球节点由螺栓、钢球、销子（或螺钉）、套筒和锥头或封板等零件组成。如图 2.17 所示。

（2）适用范围：适用于连接钢管杆件。节点和杆件一般在工厂定型成批生产，现场拼

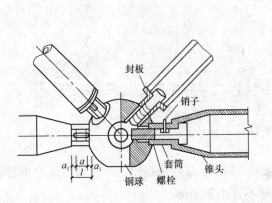

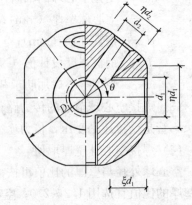

图 2.17 螺栓球节点

装无需焊接，装拆方便，特别适用于建造临时性和半永久性的网架结构。

（3）各组成部件的尺寸确定

①销子或螺钉宜采用高强度钢材，销子直径可取螺栓直径的 $0.16 \sim 0.18$ 倍，不宜小于 3mm。螺钉直径可采用 $6 \sim 8$mm。

②钢球的直径可按式（2-6）确定：

$$D \geqslant \sqrt{\left(\frac{d_2}{\sin\theta} + d_1 \mathrm{ctg}\theta + 2\xi d_1\right)^2 + \eta^2 d_1^2} \tag{2-6}$$

式中　D——钢球直径（mm）；

θ——两个螺栓之间的最小夹角（rad）；

d_1、d_2——螺栓直径，（mm）$d_1 > d_2$；

ξ——螺栓伸进钢球长度与螺栓直径的比值，$\xi = 1.1$；

η——套筒外接圆直径与螺栓直径的比值，$\eta = 1.8$。

③套筒外形尺寸应符合扳手开口尺寸系列，端部要保持平整，内孔径可比螺栓直径大 1mm。

套筒长度可按式（2-7）计算：

$$l = a + 2a_1 \tag{2-7}$$

$$a = \xi d_0 - a_2 + d_a + 4 \tag{2-8}$$

式中　l——套筒长度（mm）；

d_a——销子直径（mm）；

a_1——套筒端部到滑槽端部距离（mm）；

ξd_0——螺栓伸入钢球的长度（mm）；

d_0——螺栓直径；

a_2——螺栓露出套筒长度，可预留 $4 \sim 5$mm，但不应少于 2 个螺纹。

（4）传力路径：螺栓球节点的受力情况和一般节点不尽相同，受拉时的传力途径是由钢管杆件、锥头，经螺栓至钢球；受压时是由钢管杆件、锥头，经套筒至钢球。也就是说，螺栓在受拉时起作用，而套筒在受压时起作用。

（5）受压、受拉承载力计算

每个高强度螺栓的受拉承载力设计值按式（2-9）计算：

$$N_t^b \leqslant \varphi A_{\mathrm{eff}} f_t^b \tag{2-9}$$

式中　N_t^b——高强度螺栓的拉力设计值（N）；

φ——螺栓直径对承载力的影响系数，当螺栓直径小于 30mm 时，取 1.0，当螺栓直径大于 30mm 时，取 0.93；

f_t^b——高强度螺栓经热处理后的抗拉强度设计值；对 40Cr 钢，40B 钢与 20MnTiB 钢，取 430N/mm²；对 45 号钢，取 365N/mm²；

A_{eff}——高强度螺栓的有效截面面积（mm²），当螺栓上钻有销孔或键槽时，取螺纹处或销孔键槽处两者中的较小值。

受压杆件的连接螺栓，可以按其内力所求得的螺栓直径适当减小，但是必须保证套筒具有足够的抗压强度，套筒应按承压进行计算，并验算其开槽处和端部有效截面的承压力。套筒端部到开槽端部距离应使该处有效截面抗剪力不低于销钉抗剪力，且不小于1.5倍开槽的宽度。

（6）杆件端部与钢管连接焊缝：

杆件可以采用锥头或封板连接，如图2.18和图2.19所示，其连接焊缝以及锥头的任何截面应与连接的钢管等强，其焊缝宽度 b 可以根据连接钢管壁厚取 $2\sim5mm$，封板厚度应按实际受力大小计算确定。当钢管壁厚小于4mm时，其封板厚度不宜小于钢管外径的 $1/5$。

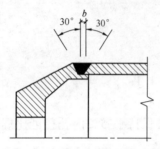

图2.18 杆件端部锥头与钢管连接焊缝

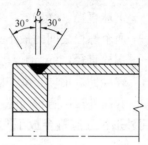

图2.19 杆件端部封板与钢管连接焊缝

第八节　网架结构的主要几何尺寸

1. 主要几何尺寸的确定

（1）网架的网格尺寸与网架高度的关系：

①斜腹杆与弦杆的夹角应控制在 $40°\sim55°$。如果夹角太小，会给节点施工带来困难。

②当网架结构的屋面维护材料采用钢筋混凝土板时，网格尺寸不宜过大，一般不超过3m。

③当网架结构的屋面采用有檩体系檩条时，檩条长度一般不超过6m。

（2）网架高度与屋面荷载、跨度、平面形状、支承条件、设备管道的关系：

①屋面荷载、跨度均较大的时候，网架高度应选得大一些。

②建筑物平面形状为圆形、正方形或接近正方形时，网架高度可以取小一些；平面形状比较狭长时，网架高度可取大一些。

③当网架中有穿行管道时，网架要满足一定的高度要求。

④点支承网架的高度比周边支承网架的高度要大一些。

对于周边支承的网架高度及网格尺寸可以按表2.2采用。

网架上弦网格数和跨高比 　　　　　　表2.2

网架形式	钢筋混凝土屋面体系		钢檩条屋面体系	
	网格数	跨高比	网格数	跨高比
两向正交正放、正放四角锥、正放抽空四角锥网架	$(2\sim4)+0.2L_2$	10~14	$(6\sim8)+0.07L_2$	$(13\sim17)-0.03L_2$
两向正交斜放、棋盘形四角锥、斜放四角锥、星形四角锥	$(6\sim8)+0.08L_2$			

注：L_2 为网架短向跨度，单位为m；当跨度在18m以下时，网格数可以适当减少。

2. 网架的挠度要求及屋面排水坡度

（1）网架结构的容许挠度不应超过下列数值：

①用做屋盖：$L_2/250$；

②用做楼面：$L_2/300$；

（2）网架屋面排水坡度一般为 3‰～5‰，可以采用下列方法找坡：

①在上弦节点上架设不同高度的小立柱，当小立柱较高时，需注意小立柱自身的稳定性。

②对整个网架起拱。为了消除网架在使用阶段的挠度，拱度一般不大于短向跨度的 1/300。

③采用变高度网架，增大网架跨中高度，使上弦杆形成坡度，下弦杆仍平行于地面，类似梯形桁架。

④支承柱变高度。

第九节　网架结构的基本理论和分析方法

1. 基本假定和计算模型

（1）对网架结构的一般静动力计算，基本假定如下：

①节点为铰接，杆件只承受轴向力。

②按小挠度理论计算。

③按弹性方法分析。

（2）网架结构的计算模型大致可分为以下四种：

①铰接杆系计算模型。这种计算模型直接根据上述基本假定就可得到，未引入其他任何假定，把网架看成铰接杆件的集合。根据每根杆件的工作状态，可集合得出整个网架的工作状态，所以每根铰接杆件可作为网架计算的基本单元，见图 2.20（*a*）。

②桁架系计算模型。这种计算模型也没有引入新的假定，只是根据网架组成的规律，把网架作为桁架系的集合，分析时可把一段桁架作为基本单元。由于桁架系有平面桁架系

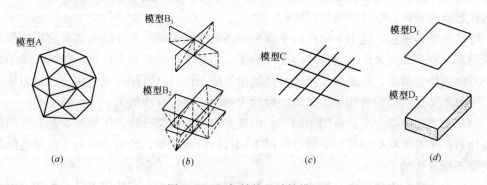

图 2.20　网架结构的计算模型

（*a*）铰接杆系计算模型；（*b*）桁架系计算模型；（*c*）梁系计算模型；（*d*）平板计算模型

和空间桁架系之分，所以桁架系计算模型也可分为平面桁架系计算模型 B_1 和空间桁架系计算模型 B_2，见图 2.20 (b)。

③梁系计算模型。这种计算模型除基本假定外，还要通过折算的方法把网架等代为梁系，然后以梁段作为计算分析的基本单元。显然，计算分析后要有个回代的过程，没有计算模型 A、B 精确、直观，为方便起见，这种梁系计算模型简称为计算模型 C，见图 2.20 (c)。

④平板计算模型。这种计算模型与梁系计算模型相似，除基本假定外，要有一个把网架折算等代为平板的过程，计算后也要有一个回代的过程。平板有单层普通板和夹层板之分，所以平板计算模型也可分为普通平板计算模型 D_1 和夹层平板计算模型 D_2，见图 2.20 (d)。

2. 网架结构的分析方法大致有五类

(1) 有限元法。包括铰接杆元法、梁元法。

(2) 力法。

(3) 差分法。

(4) 微分方程解析解法。

(5) 微分方程近似解法。

3. 网架结构的计算方法

由上述 4 种计算模型及 5 种分析方法，使其一一对应结合，可形成网架结构的十种计算方法：(1) 空间桁架位移法；(2) 交叉梁系梁元法；(3) 交叉梁系法；(4) 交叉梁系差分法；(5) 混合法；(6) 假想弯矩法；(7) 网板法；(8) 下弦内力法；(9) 拟板法；(10) 拟夹层板法。

(1) 空间桁架位移法：是一种铰接杆系结构的有限元分析法，以网架节点的三个线位移为未知数，采用适合于电子计算机运算的矩阵表达式来分析计算网架结构。该法的主要计算工作都可由电子计算机来完成，适用范围不受网架类型、平面形状、支承条件和刚度变化的影响，计算精度也是现有计算方法中最高的。

(2) 交叉梁系梁元法：适用于由平面桁架系组成网架的一种计算方法。它把单元网片等代为梁元，以交叉梁系节点的挠度和转角为未知量，用有限元法分析计算。该法可考虑网架（梁元）的剪切变形和刚度变化的影响，计算工作也要由电子计算机来完成，但是求解的代数方程数约为空间桁架位移法的一半。

(3) 交叉梁系法：适用于由两向平面桁架系组成网架的一种计算方法。它把桁架系等代为梁系，在交叉点处认为设有竖向连杆相连，切开连杆以赘余力代替，使交叉梁系成为两个方向的静定梁系，根据交叉点竖向挠度相等的条件，就可按一般结构力学的力法来计算。一般不考虑网架的剪切变形，未知数约为空间桁架位移法的 1/6。

(4) 交叉梁系差分法：可用于由平面桁架系组成的网架计算。以交叉梁系节点的挠度为未知数，不考虑网架的剪切变形，所以未知数的数量较少，约为空间桁架位移法的1/6、交叉梁系梁元法的 1/3。

(5) 混合法：直接以交叉桁架系为计算模型的差分分析法，适用于平面桁架系组成的网架计算。以平面桁架系的节点挠度、桁架弯矩及竖杆内力为未知数，未知数的数量约为

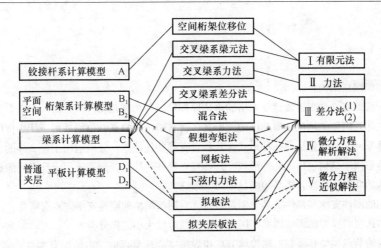

图 2.21　网架结构具体计算方法及其形成示意图

空间桁架位移法的 1/2～2/3。分析时可以考虑网架的剪切变形和变刚度的影响，可求得与空间桁架位移法相同精度的计算结果；如果不考虑网架的剪切变形和变刚度的影响，其基本方程便可退化为交叉梁系差分法的基本方程，所以认为混合法是交叉梁系差分法的一个发展。

（6）假想弯矩法：是以交叉空间桁架系为计算模型的差分分析法，适用于斜放四角锥网架及棋盘形四角锥网架的计算。分析时假定两个方向的空间桁架在交接处的假想弯矩相等，从而使基本方程可简化为二阶的差分方程，计算非常方便。但该法的基本假定过于粗糙，计算精度是网架简化计算法中最差的一种，建议只在网架估算时使用。

（7）网板法：是一种以空间桁架系为计算模型的差分分析法，适用于正放四角锥网架计算。分析时以网架某一方向的上、下弦杆内力及上弦节点挠度为未知数，基本方程为四阶的差分方程。当考虑剪切变形和变刚度影响时，可求得较精确的计算结果。

（8）下弦内力法：这是 20 世纪 80 年代初由我国学者提出的用来计算蜂窝形三角锥网架的差分分析法。由于蜂窝形三角锥网架的下弦杆、腹杆及支座竖向反力是静定的，周边简支时上弦杆也是静定的，从而可以建立以下弦杆内力为未知数的基本方程式，不需要协调方程就可直接求得网架内力。这种以离散型的空间桁架系计算模型为依据的下弦内力法是求解蜂窝形三角锥网架的一种精确解法。

（9）拟板法：把网架结构等代为一块正交异性或各向同性的普通平板，按经典的平板理论求解。适用于由平板桁架系组成的网架及大部分由角锥体组成的网架计算。一般不考虑网架剪切变形和变刚度的影响，对周边简支等一些常遇边界条件的网架，可求得基本微分方程的解析解，或利用现有的平板计算图表来计算。网架杆件的最终内力，要通过等效关系由拟板的弯矩和剪力回代求得。

（10）拟夹层板法：把网架结构等代为一块由上下表层与夹心层组成的夹层板，以一个挠度、两个转角共三个广义位移为未知函数，采用非经典的板弯曲理论来求解。考虑了网架的剪切变形，是一般拟板法的一个发展，可提高网架计算的精度。

思 考 题

1. 什么是空间网格结构?

2. 网架结构按照杆件的布置规律及网格的格构原理可以分为哪几类?

3. 交叉桁架体系网架结构包括哪几种形式? 其各自有哪些优缺点? 分别适用于什么样的建筑物?

4. 四角锥体系网架结构包括哪几种形式? 其各自有哪些优缺点? 分别适用于什么样的建筑物?

5. 三角锥体系网架结构包括哪几种形式? 其各自有哪些优缺点? 分别适用于什么样的建筑物?

6. 网架结构的几何不变性分析必须满足哪两个条件?

7. 网架结构的刚性支承和弹性支承分别是指什么? 网架结构的刚性支承方式有哪些?

8. 网架结构选型时应考虑哪些因素? 网架结构按照跨度大小怎样分类?

9. 网架结构的节点类型有哪些? 螺栓球节点和焊接空心球节点的受力情况有哪些不同? 其受压、受拉承载力分别应怎样计算?

10. 网架结构进行动静力计算时的基本假定是什么? 其计算方法有哪些?

第二章 组合网架结构

第一节 组合网架结构的概述

1. 组合网架结构的概念

网架结构是由很多杆件从两个或几个方向有规律地组成的高次超静定结构，其空间刚度大、整体性好，具有良好的抗震性能，能适应不同建筑物的造型要求。同时，还有节省钢材、重量轻、制造和安装方便等优点。网架结构上部常采用钢筋混凝土屋面板，这时板仅仅起到传递外荷载的作用，并不参与网架结构的工作，而板的自重也作为一种荷载加到网架节点上。实际上，屋面板本身也有较大的刚度，而用于网架结构上部时，屋面板这种潜在的性能没有得到充分利用。

组合网架结构是一种由钢和钢筋混凝土组成的空间结构，它把网架上弦杆用钢筋混凝土平板（或带肋板）代替，下弦杆和腹杆仍然用钢材，形成一种下部是钢结构，上部由钢筋混凝土组合而成的新型空间结构，如图 2.22 所示。

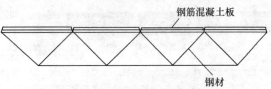

图 2.22 组合网架结构示意图

它能充分发挥钢材受拉和钢筋混凝土受压的有利条件，使两种不同材料充分发挥各自强度优势，又使结构的承重和围护功能合二为一，是近几十年来发展较迅速的一种结构形式。

2. 组合网架结构的发展和应用状况

组合网架结构是 20 世纪 80 年代发展起来的新结构，它是以钢筋混凝土上弦板代替一般钢网架的上弦，以钢和钢筋混凝土的组合节点代替上弦节点，从而形成一种下部为钢结构，上部为钢筋混凝土结构的组合结构。

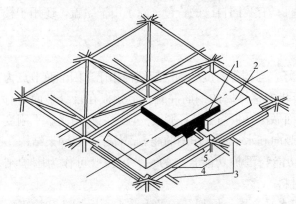

图 2.23 墨西哥的空间板
1—混凝土板；2—模板；3—圆钢下弦；
4—板内配筋；5—上弦

墨西哥早在 20 世纪 60 年代曾提出一种空间板结构（图 2.23），可看做最初形式的组合网架结构。它实际上是一块将受拉部分混凝土挖去的钢筋混凝土平板，以达到减轻结构自重的目的。这种空间板的跨度仅有 3m，高度为 300mm，混凝土板厚 50mm，下弦和腹杆由直径小于 10mm 的圆钢管制成，并与板中配筋构成一个正放四角锥圆钢网架。墨西哥曾把空间板应用于 15 层高层住宅建筑的楼层结构，其楼层自重与 8 层楼的普通钢筋混凝土平板自重相当，亦即每层楼层结构减轻了自重 50%。

德国 MERO 公司在 1981 年曾提出一种称为 MERO-Massiv 的组合网架结构体系。该体系是一种正放抽空四角锥网架结构，下弦和腹杆采用钢管，其连接方法与一般的 MERO 结构体系网架相同，以特制的螺栓盘节点代替上弦螺栓球节点，并采用高强度螺栓与预埋在钢筋混凝土板中的预埋件连接。MERO-Massiv 组合网架结构体系在工程中做了尝试，认为可用于多层建筑的楼层和屋盖结构。德国 Zublin 公司在 20 世纪 80 年代初也曾提出采用钢管材料的组合网架结构体系，且在食堂等屋盖结构中得到应用。

我国对组合网架结构的开发和应用基本与国际同步，1980 年江苏徐州夹河煤矿食堂的屋盖平面尺寸分别为 21m×54m 和 9m×18m，成功采用了形式为蜂窝形三角锥的组合网架结构，可节省用钢量 19.3%。1987 年建成的江西抚州地区体育馆，平面尺寸为 45.5m×58m，是目前国内外跨度最大的组合网架结构。1988 年建成的新乡百货大楼加层扩建工程，平面尺寸 35m×35m，原来是两层框架结构，后来增加四层斜放四角锥组合网架结构，这是我国首次在多层大跨建筑中采用组合网架结构。同年建成的长沙纺织大厦，

地下 2 层，地上 11 层，平面尺寸为 24m×27m，柱网分别为 12m×10m 和 12m×7m，采用正放抽空四角锥组合网架结构，总建筑面积约 7000m²，是我国在高层建筑中首次采用组合网架结构楼层及屋盖结构，也是目前覆盖建筑面积最大的群体组合网架结构。1992 年建成的上海国际购物中心七、八层楼层，平面尺寸为 27m×27m，采用了正放四角锥组合网架结构。为了减小下弦杆的最大拉力，采用了

图 2.24　上海国际购物中心组合网架结构

四道预应力索，布置成与边界成 45° 的口字平面图形，这是我国首例预应力组合网架结构，施工时的场景如图 2.24 所示。截至 2000 年底，我国已建成的组合网架结构共约 40 幢，是世界上组合网架结构用得最多的国家，并且具有我国自己的特色，除了用于屋盖，还用于楼层，覆盖建筑面积 8 万多 m²。

3. 组合网架结构的优点

（1）组合网架结构的刚度、抗震性能好，与同等跨度的钢网架结构相比，因上弦节点为刚接，竖向刚度要增加 30%~50%。由于装配整体后的钢筋混凝土上弦板在自身平面内有很大的水平刚度，它与传统的网架上弦平面做法（板与上弦杆脱开一段距离）相比水平刚度成倍地增加。因此，从总体来说，它的抗竖向和水平地震作用的能力都优于一般网架结构。

（2）组合网架结构可使结构的承重功能与围护功能合二为一。屋盖既可作为围护结构，又参与结构的承重，可以大大节省材料。

（3）组合网架结构无需另行设置上弦水平支撑。网架结构的上弦平面因构造和抗震要求需设置水平支撑，由于上弦板有足够的水平刚度，可不必设置上弦水平支撑，节省了材料。

（4）组合网架结构可充分发挥混凝土与钢材的强度优势。一般来说，混凝土受压性能好，钢材受拉性能好，网架的上部是受压的，下部是受拉的，这就充分发挥了各自的材料特性。周边支承和点支承的组合网架结构，均能满足上部受压、下部受拉要求，组合网架结构一般不宜采用带悬臂的形式，以避免钢筋混凝土板受拉。

（5）组合网架结构布置灵活，可适用于各种建筑平面。矩形、三角形、圆形、扇形等建筑平面均可采用组合网架结构。

（6）组合网架结构不仅用做各种建筑物屋盖，也更适用于大柱网、大空间的楼面。大柱网、大空间的楼层采用组合网架结构比传统梁板结构减轻重量 76%。

（7）组合网架结构的经济性主要表现为节省钢材，一般网架的上弦杆占网架总用钢量 35%～45%，将上弦杆用钢筋混凝土板代替，用钢量将明显下降。从造价来看，用于屋盖可降低造价 2%～5%，用于楼层可降低造价 5%～25%。

4. 组合网架结构的不足

当组合网架结构用于大跨度结构时，随着跨度的增大，组合网架结构与采用轻屋面的网架相比，组合网架结构的用钢量不一定省。另外，随着跨度的增大，使钢筋混凝土板的受力也增大，给板的设计带来困难，给腹杆、下弦杆设计、网架挠度和节点构造等都带来难以解决的问题。

第二节　组合网架结构的形式和分类

1. 组合网架结构的形式

组合网架结构是由网架结构发展而来的，因此组合网架结构的类型可按相应的网架形式来划分。按照与组合网架结构相对应的网架结构形式，组合网架结构分为平面桁架系组合网架结构、四角锥体系组合网架结构和三角锥体系组合网架结构。其中平面桁架系组合网架结构又可分为两向正交正放、两向正交斜放、两向斜交斜放和三向（按 60° 相互交叉）网架四种形式。

2. 组合网架结构按预制板的形式分类

组合网架结构也可按上弦板的形式和搁置方向来划分，通常上弦预制板有四种主要形式：正放正方形板、斜放正方形板、正三角形板、正三角形与六边形相间的板。分别如图 2.25 所示。

根据预制板的形式可将组合网架结构相应的分成四大类：

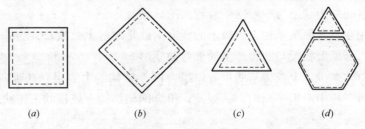

(a)　　　　　　(b)　　　　　　(c)　　　　　　(d)

图 2.25　组合网架结构上弦预制板的四种形式

（a）正放正方形板；（b）斜放正方形板；（c）正三角形板；（d）正三角形与六边形相间的板

（1）两向正交类组合网架结构。包括两向正交正放组合网架结构、正放四角锥组合网架结构、正放抽空四角锥组合网架结构和棋盘形四角锥组合网架结构。

（2）两向斜交类组合网架结构。包括两向正交斜放组合网架结构、斜放四角锥组合网架结构和星形四角锥组合网架结构。

（3）三向类组合网架结构。包括三向组合网架结构、三角锥组合网架结构及抽空三角锥组合网架结构。

（4）蜂窝形三角锥组合网架结构。此类组合网架结构只有一种。

3. 组合网架结构按照支承布置情况分类

组合网架结构一般都把支承点设在网架上弦节点上，因此按照支承布置情况划分，有如下四种形式（图 2.26）：

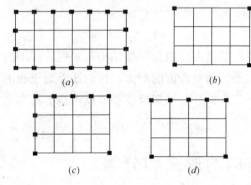

图 2.26 组合网架结构按支承形式
划分的四种形式

（a）周边支承；（b）四点支承；（c）点支承与周边
支承相结合；（d）一边支承与点支承相结合

（1）周边支承组合网架结构。它是把周边的所有组合网架结构支座节点搁置在柱、梁、墙等支承结构上。

（2）角点支承组合网架结构。在平面四个角设支承点。

（3）相邻两边周边支承和点支承相结合。

（4）一边周边支承和点支承相结合。

4. 组合网架结构的选型

组合网架结构形式很多，根据平面尺寸、跨度大小、加工制作和安装方法选用一种合理的网架形式，一般来讲正放四角锥组合网架结构和抽空四角锥组合网架结构较好

一些。当组合网架结构用做屋盖时，其跨度不宜大于50m，用做多层楼盖时，其跨度不宜大于40m。

第三节 组合网架结构的计算方法

1. 组合网架结构的受力特性

组合网架结构的下弦杆、腹杆及下弦节点的受力状态与一般网架结构完全相同，而上弦板与上弦节点的受力状态与一般网架有较大的区别。

首先，作用在组合网架结构上弦板上的竖向荷载是通过上弦板及其肋的弯矩和横剪力传至上弦节点，可见上弦板与肋将产生局部弯曲变形。

其次，从总体来说，上弦板与肋可看做组合网架结构的上表层，在竖向荷载作用下，使肋中产生轴力，板中产生平面内力。因此，组合网架结构上弦板的工作状态是既有平面内力又有弯曲内力。

2. 组合网架结构的计算方法

（1）有限元法。它把组合网架结构离散成板壳元、梁元和杆元等有限个在节点上彼此

相连的单元。各节点必须满足平衡条件和变形协调条件，以建立组合网架结构的总体刚度方程，从而求得位移值和各单元内力。其中，梁元能承受轴力、弯矩和扭矩，板壳元能承受平面内力和弯曲内力，而腹杆和下弦杆仍作为只能承受轴力的杆元。然后，按照一般有限元法建立刚度方程，编制专用程序，利用电子计算机进行内力、位移计算。但应指出，对包括上弦节点在内的带肋上弦板是所有节点，要考虑三个线位移和三个角位移，对下弦节点仍可只考虑三个线位移。因此，组合网架结构的未知节点位移总数比一般网架的节点位移总数要大幅度增加，刚度矩阵也较复杂。

（2）拟夹层板法。把组合网架结构上弦板作为夹层板的上表层，把腹杆和下弦杆折算成夹层板的夹心层和下表层，使这种比较复杂的组合网架结构连续化为一块构造上的夹层板，由微分方程来描述其受力状态，采用解析法或有效的近似方法求解，进而来计算组合网架结构的内力和位移。由于组合网架结构类型和上弦板的多样性，致使拟夹层板的微分方程会变得比较复杂，一般情况下是十阶的偏微分方程。当结构的平面是矩形且简支边界时，微分方程的求解还算方便，但对于其他结构平面图形和边界条件时，就会遇到困难。

（3）简化计算方法——等代空间桁架位移法。设方法是采用离散化的计算模型来分析。根据能量原理，把上弦板等代为四组或三组上弦平面内的平面交叉杆系，从而使这种比较复杂的组合结构转化为一个等代的空间铰接杆系结构，可采用空间桁架位移法的专用程序进行电算。然后，再由等代平面交叉杆系的内力返回求得上弦板及其肋的内力。因此，这种方法比较简单，其实质是一种把组合网架结构的上弦板从连续体转化为离散体，再由离散体回代到连续体的分析途径。

第四节 组合网架结构的节点施工

1. 组合网架结构的上弦节点

要使组合网架结构能够协同工作，关键在于上弦节点的连接构造，根据上弦板和肋的受力特性，要求上弦节点在上弦平面内与各杆件的连接是刚性的，以便传递轴力和弯矩，但腹杆只承受轴力，腹杆与上弦节点的连接可为铰接。因此，组合网架结构的上弦节点是在上弦平面内刚接，在上弦平面外铰接的半刚性节点。

2. 组合网架结构的上弦节点构造要求

（1）必须保证钢筋混凝土带肋平板与网架的腹杆、下弦杆能共同工作；

（2）腹杆的轴线与作为上弦的带肋板有效截面的中轴线在节点处应交于一点；

（3）支承钢筋混凝土带肋板的节点板应有效地传递水平剪力。

3. 组合网架结构的上弦节点的主要形式

（1）焊接十字板节点：是由一般钢网架的十字板节点发展而来的，主要用于角钢组合网架结构，节点构造如图 2.27 所示。板肋底部预埋钢板

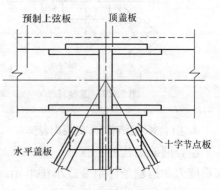

图 2.27 焊接十字板节点

应与十字节点板的盖板焊接牢固以传递内力,必要时盖板上可焊接 U 形短钢筋,埋入灌缝中的后浇细石混凝土,缝中宜配置通长钢筋。当组合网架结构用于楼层时,宜采用配筋后浇细石混凝土面层。河南省新乡百货大楼扩建工程、湖南省长沙纺织大厦等都采用构造类似的这种焊接十字板的组合网架结构。

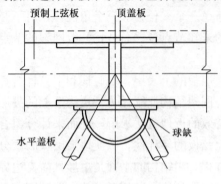

预制上弦板　　顶盖板
水平盖板　　　　球缺

图 2.28　焊接球缺节点

(2) 焊接球缺节点:是由冲压成型的球缺与钢盖板焊接而成的,球缺通常用小半球。它具有刚度大,加工制作简单,腹杆连接方向性强的特点。预制钢筋混凝土上弦板可直接搁置在球缺节点的支承盖板上,并将埋件与盖板焊接牢固,灌缝后将上弦板四角顶部的埋件再用一盖板连接,其节点构造如图 2.28 所示。天津大学曾选用这种焊接球缺节点,进行了 6m 跨度单向折线形组合网架结构的实物模型试验,效果良好。

(3) 螺栓环节点:这是我国自行通过试验、试制到工程应用的组合网架结构专用的上弦节点,如图 2.29 所示。钢材选用 45 号钢,腹杆可通过高强度螺栓与下弦螺栓球节点和上弦螺栓环节点连接。在螺栓环上由工厂预先采取可靠的焊接工艺加焊一块 Q235 钢的圆形钢板,以便搁置上弦预制板,也可采用俯焊与预制板的 Q235 钢预埋钢板进行现场焊接,同时可调节圆钢板的大小来减少螺栓环的规格和用钢量,增强螺栓环的刚度。这种螺栓环节点首先用于 1992 年建成的上海国际购物中心七、八层大跨度组合网架结构楼层结构,并获得了国家专利。此后,在上海、湖北、广东有十多项工程中获得推广应用。

(4) 对锚直焊式节点:如图 2.30 所示,三角形的上弦预制板在对角处通过一根螺栓锚接,使上弦肋构成六角形与三角形相间的网格,六角形的上弦预制板支承在三角形板的埋件上,腹杆是与三角形板的埋件直接相连焊接。该节点曾用于夹河煤矿食堂的蜂窝形三角锥组合网架结构。

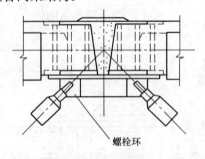

螺栓环

图 2.29　螺栓环节点

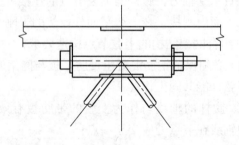

图 2.30　对锚直焊式节点

4. 组合网架结构的安装方法

组合网架结构的下弦杆、腹杆及上弦预制板均可在预制厂或预制现场制作,并可根据起重能力和运输条件组装成小拼单元。如钢结构的网片、人字腹杆、下弦方框及钢结构与钢筋混凝土结构的组合椎体等。徐州夹河煤矿大小食堂及抚州地区体育馆组合网架结构,分别采用了预制组合三角锥体及四角锥体。如图 2.31 及图 2.32 所示。

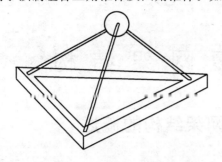
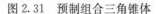
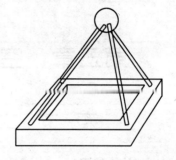

图 2.31　预制组合三角锥体　　　　　图 2.32　预制组合四角锥体

组合网架结构的安装方法，目前主要有三种：

（1）高空散装法。一般均需搭设支承架在高空定位位置上逐一安装组合网架结构的单根杆件或小拼单元。

（2）高空滑移法。可在地面上组装成条状的组合网架结构，吊装后在高空滑移就位。如上海石油采购供应站仓库组合网架结构屋盖，便采用了这种高空逐条滑移法。条状的组合网架结构也可在一端搭设的高空平台上组装，滑移一段距离后，可在空出的平台上组装下一段组合网架结构，这时可累积滑移，再组装，再累积滑移。这种高空累积滑移法也被抚州地区体育馆组合网架结构屋盖施工时采用，而且在滑移时舍弃了一般的拖拉方法，选用了顶推方式，可使上弦板在滑移时不承受拉力。

（3）整体提升法。特别适用于多层及高层建筑组合网架楼层结构的施工安装，提升设备可采用小型的升板机或液压爬杆式千斤顶。德国曾提出采用该法整体提升 MERO-Massiv 的组合网架结构体系。

思 考 题

1. 什么是组合网架结构？其优缺点各是什么？
2. 组合网架结构的上弦板与上弦节点的受力状态与一般网架有什么区别？
3. 组合网架结构的上弦节点与普通网架结构有什么不同？其上弦节点形式主要有哪些？
4. 了解并掌握组合网壳结构的几种安装方法。

第三章　空腹网架结构

第一节　空腹网架结构的概述

1. 空腹网架结构的概念

网架作为楼盖或屋盖结构，主要承受竖向荷载的作用，竖向荷载通过网架结构传递到周边结构中去，因此，网架结构就整体而言，是受弯曲的结构，在结构中存在弯矩和剪力。将整体弯矩和剪力通过结构的构成转化为轴向拉力和压力，以提高结构的承载效率，即形成了空间网架结构。网架结构杆件的构成目的是化整体弯矩和剪力为轴力，因此，结构杆件的构成服从于内力的转化，可以说，网架结构就力流的传递而言，是经济有效的。但是这样也带来了问题，就是网架结构的杆件构成在建筑视觉上可能会显得凌乱，尤其是对于结构外露的建筑。

在普通网架结构中，上、下弦杆的轴向压力、拉力是由整体弯矩导致的，竖腹杆、斜腹杆的轴向力是由整体剪力导致的。保留普通网架结构中的上、下弦杆，用以承受整体弯矩，取消斜腹杆，整体剪力由上、下弦杆和竖腹杆的截面抗弯来承担。这样就形成了受力较为合理、构成简洁的空腹网架结构。

其实空腹网架结构也可以认为是从交叉梁系的井字梁楼盖改进得来。将两向或三向井字梁的腹部掏空而保留相交处的竖腹杆形成的平板网格结构，属两向或三向平面空腹刚架交叉组成的结构体系。显然空腹网架结构要比井字梁楼盖结构更加经济合理，并且可以跨越更大的跨度。

2. 空腹网架结构的发展和应用状况

空腹网架结构被称为 Cubic Space Frame 体系，该结构体系是由结构工程师 Leszek Kubik 与其儿子 Leelie 于 20 世纪 70 年代末开发的，并由 Kubik 的企业公司负责市场销售。Cubic Space Frame 体系的第一个工程应用是 1979 年的英国特伦特工业大学排演剧场的 12m×20m 重建屋顶。自此以后，Cubic Space Frame 体系又成功地应用于几种建筑类型的屋顶，其中包括工厂和超市，由于没有斜腹杆，能方便地将设备装置、水电设施，甚至连办公室都设置在空间构架的结构高度内。如英国诺丁翰北方食品加工厂的屋盖，如图 2.33 所示。它不但在屋盖的结构高度内充分地安装了机械设备，还将空间网格的荷载分配特性利用发挥到极限。该屋盖的平面尺寸为 75m×75m，上、下弦安装了 100mm 厚的隔热保温板，是按照 6000kN 的集中荷载设计的，采用

图 2.33　英国诺丁翰北方食品加工厂的屋盖

空腹网架结构将全部制冷设备安装在生产车间与仓库上方的 3m 高屋盖结构的空间内。

图 2.34　英国伯明翰国际会议中心
3 号大厅屋顶

又如图 2.34 所示 1990 年建成的英国伯明翰国际会议中心 3 号大厅的屋顶，该展览大厅是一个不规则的八边形建筑平面，跨度约 55m，空间网格的每一个节点都能承受 300kN 的集中荷载。空腹网架结构在国外大多采用钢结构的形式。在我国，空腹网架结构的研究和应用几乎与国外同步，贵州大学从 20 世纪 80 年代起将该结构体系应用于公共建筑工程中，跨度为 12～36m（短跨），目前已有 26 幢，有正交正放、正交斜放、斜交斜放和三向各种形式，约 12.2 万 m²。代表性建筑有：贵州安顺市体育训练馆的楼盖，平面尺寸为 24m×42m，两层，采用正交斜放空腹网架结构，如图 2.35 所示；贵阳市青少年宫的平面尺寸为 24m×38m，采用正交正放空腹网架结构，如图 2.36 所示；广东深圳市宝安中学风雨操场礼堂，平面尺寸为 27m×36m，三层，采用斜交斜放空腹网架；贵州煤校食堂，建筑平面形状为六边形，其对角线长 36m，采用三向空腹网架；2001 年，长春市欧亚卖场，五层，建筑面积为 5 万 m²，柱网 10m×10m 正交正放，为了将大型空调管放入空腹内，结构高度为 $L/10$，取得良好的建筑效果；合肥市工商银行顶层礼堂及屋顶花园的平面尺寸为 28.8m×28.8m，采用预应力混合型空腹网架。我国的空腹网架结构工程实例大多采用钢筋混凝土形式。

图 2.35　贵州安顺市体育训练馆的楼盖

图 2.36　贵阳市青少年宫

3. 空腹网架结构的特点

（1）空腹网架结构的适应性好，造型美观，使用功能强，其结构高度内部因没有斜腹杆的障碍，可以充分发挥这部分使用空间的作用。

（2）在竖向荷载作用下，空腹网架结构的变形曲线为"剪切型"，剪切变形占整体变形的 50%，从而导致各杆件局部弯矩较大。

（3）空腹网架结构的经济指标好，同时采用钢筋混凝土的形式防火防锈性能好，施工方便，且能就地取材。

第二节 空腹网架结构的形式与分类

由于空腹网架的整体剪力是通过弦杆和竖腹杆的截面抗弯来传递的，因此，网架边部杆件的尺寸通常以抗弯强度来控制；网架中部杆件主要承受整体弯矩导致的轴向力，其截面尺寸通常由轴向拉、压应力来控制。在网架的跨度不是很大时，通常边部杆件的截面抗弯可以抵抗整体剪力，但是当网架的跨度较大时，网架边部杆件采用常规尺寸要抵抗整体剪力，将难以满足要求。因此，将边部杆件的弯矩转化为轴向力，自然成为结构设计工程师所采取的措施。在网架的边部网格中加设斜腹杆，可以形成中部网格无斜腹杆、边部网格有斜腹杆的网架结构。

1. 组成

空腹网架结构由上、下弦杆和竖腹杆构成。

2. 分类

（1）按杆件的形式来分类，有单杆式和格构杆式两种。

单杆式网架结构施工简单，但是在网架边缘的上、下弦杆和竖腹杆因为存在较大的局部弯矩，节点受力较大。

格构式杆件组成的上、下弦杆和竖腹杆，可以将边缘杆件的局部弯矩转化为轴向力，提高截面的承载效率，尤其是将边部的杆件格构化。但是格构式杆件组成的空腹网架结构施工较为烦琐。

（2）按周边支承情况分类，可以分为周边柱支承、多点支承及四角支承，如图 2.37 所示。但是四角支承的受力性能不是很好，应谨慎使用。

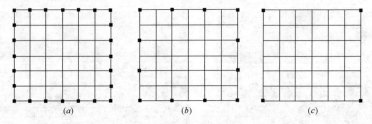

图 2.37 空腹网架结构按周边支承情况分类

（*a*）周边柱支承；（*b*）多点柱支承；（*c*）四角柱支承

（3）按组成空腹网架的平面空腹桁架的形式，可以分为以下三类（图 2.38）：

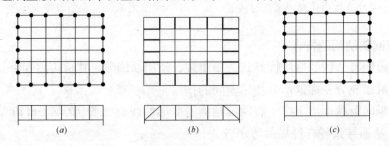

图 2.38 空腹网架结构按网架形式分类

（*a*）普通型；（*b*）周边网格带斜腹杆型；（*c*）网格不等间距型

①普通型：主要适用于跨度不是很大的建筑中。网架中无斜腹杆。

②周边网格带斜腹杆型：主要用于当网架的跨度较大时，网架靠近柱子的第一、第二节间竖腹杆弯矩及剪力过大及网架的变形过大的情况。在周边部分网格节间加设斜腹杆，可以使网架端部较大的剪力通过斜腹杆以轴力的形式传递。

③网格不等间距型：主要是解决当网架层做建筑层用时，建筑空间的局部调整。由于网架边部承受较大的弯矩、剪力和较小的轴向力，而中间杆件承受较大的轴向力和较小的弯矩、剪力，因此，网格间距应当是中间大，两边小。

（4）按空腹网架的支承体系来分，有周边简支和周边与支承柱刚性连接两种形式。对于空腹网架与周边刚性连接，沿高度方向间隔布置空腹网架，形成的跳层空腹网架结构，按支承的形式来分可以有空间桁架支承体系和四个角部加设剪力墙支承体系，如图 2.39 所示。

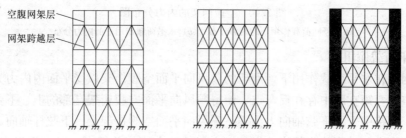

图 2.39　跳层空腹网架结构的柱间支撑形式

（5）按照空腹网架杆件构成材料来分，有钢结构的空腹网架、钢筋混凝土结构的空腹网架。目前国外已建成的工程实例大多数采用钢结构的形式，而我国已经建成的工程实例大多数采用钢筋混凝土材料的形式。

第三节　空腹网架结构的内力分布

1. 竖向荷载作用下

空腹网架在竖向荷载作用下，呈现双向弯曲的变形特征，就两个方向的平面空腹桁架而言主要承受各自平面内的弯矩、剪力和轴力，并且中间榀桁架的受力比边榀的受力大。如果把两个方向的平面空腹桁架看做是两个方向的实腹梁，那么实腹梁的整体弯矩主要由桁架的上、下弦的轴力和竖腹杆的弯矩（由端部剪力产生）承担；实腹梁的整体剪力主要由上、下弦的弯矩（由端部剪力产生）和竖腹杆的轴力承担。由于跨中的整体弯矩大，所以网架中部上、下弦杆的轴向力要大于边部杆件的轴向力，并且上弦受压，下弦受拉，腹杆受压；同时边部的整体剪力较大，因此，网架边部上、下弦杆的弯矩和剪力均比中间杆件的大，而轴向力比中间杆件的小。竖向荷载作用下的杆件内力分布如图 2.40 (a) 所示。

对于跳层空腹网架结构，由于网架与周边柱子刚接，因此对于网架周边杆件，尤其是与柱子连接的上、下弦的轴向力将减小或改号，上、下弦轴力的变化主要取决于柱子的刚度。

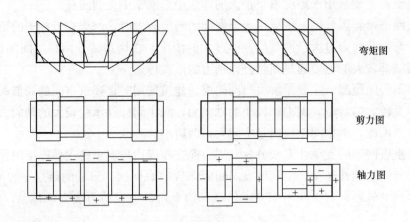

弯矩图

剪力图

轴力图

图 2.40　空腹网架的内力分布图

(*a*) 竖向荷载作用下的内力分布；(*b*) 水平荷载作用下的内力分布

2. 水平荷载作用下

空腹网架在水平荷载作用下，网架的顺风向平面空腹桁架以受平面内内力为主。网架顺风向的整体弯矩在跨中存在反弯点，使得顺风向平面空腹桁架端部的上、下弦受有较大的轴向力，而跨中上、下弦轴向力为零。顺风向平面空腹桁架上、下弦杆轴向力的分布以支承的两端为大，越到跨中越小，榀与榀之间的轴力值相差不大，以中间榀为最大，上、下弦杆平面内弯矩各榀之间的变化不大，平面外内力和扭矩以边部桁架为大，但其最大值与桁架平面内内力相比较均较小。

垂直风向的平面空腹桁架受力要小于顺风向的平面空腹桁架。水平荷载作用下的杆件内力如图 2.40 (*b*) 所示。

对于跳层空腹网架结构，网架各杆件的内力分布与单层空腹网架基本相同，但是由于柱子的作用，网架的平面空腹桁架整体可以看做为两端支承于腹板框架的梁，其上、下弦杆的轴向力以整体梁跨中的上下边缘为最大，平面内和平面外弯矩、扭矩均较小。

第四节　空腹网架结构的变形特点

空腹网架在竖向荷载作用下，呈现双向弯曲的变形特点，弯矩中部的变形大于边部的变形。网架的竖向变形主要由两个方向实腹梁的整体弯曲变形和剪切变形组成，其中的整体弯曲变形又由上、下弦杆的轴向变形组成。杆件的轴向变形一般小于其弯曲变形，因此，提高网架结构的整体剪切刚度，即提高杆件的弯曲刚度或将弯曲变形转化为轴向变形是提高结构刚度的有效途径。以网架一榀平面桁架为例，其竖向变形及水平变形如图 2.41 所示。

根据上述空腹网架在竖向荷载和水平荷载作用下的受力和变形特点，改善网架端部杆件受力、提高结构竖向刚度、减小竖向变形的有效方法是在网架边部第一、第二节间加设斜腹杆，尤其是在主要受力方向的边部节间加设。加设斜腹杆后，实际上是将边部较大的整体剪力产生的边部杆件的局部弯矩和剪力转化为杆件的轴向力，在增大边部节间整体抗剪刚度的

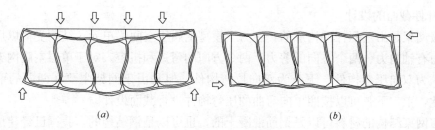

图 2.41　空腹网架的变形图

（*a*）竖向荷载作用下的网架变形；（*b*）水平荷载作用下的网架变形

同时，减小了网架空腹部分的跨度，网架结构的杆件弯矩和剪力峰值自然就减小了。

第五节　空腹网架结构的截面设计与施工

1. 几何尺寸的确定

（1）网格尺寸

空腹网架的网格尺寸应当根据跨度、使用要求和网架上楼板（屋面板）的大小等因素确定，从受力的合理性上考虑，网架中部的网格尺寸应大些，边部网格的尺寸要小些，有利于结构的受力和结构刚度的增加。一般而言，网格尺寸可以取跨度方向的 1/6～1/15。

（2）网架的高度

网架高度的取值直接影响结构的刚度，增加高度可以提高整体抗弯刚度，但是减小了结构的整体剪切刚度。同时网架高度的取值还应该根据建筑使用功能的要求来确定。通常网架高度可以取跨度的 1/14～1/16。

（3）网架杆件截面尺寸的确定

空腹网架上、下弦的截面形式可以用矩形（钢筋混凝土）或 H 型钢（钢结构）截面，对于钢筋混凝土矩形截面，其高度可以取网格尺寸的 1/8～1/10，宽度可以取截面高度的 2/3。空腹网架的竖腹杆，对于混凝土结构可以采用方形截面或圆形截面，其截面尺寸可以根据上、下弦杆的宽度确定；对于钢结构，竖腹杆可以用圆管或方管，其宽度尺寸与两方向 H 型钢的宽度相同或略小。

另一方面，空腹网架杆件的截面尺寸可以根据受力的大小采用不同的尺寸，对于周边柱子支承的网架截面的变化如图 2.42 所示。由于空腹网架杆件之间的连接为刚性连接，因此可以在上下弦和竖腹杆的端部加腋，如图 2.43 所示，以增强节点的刚度，保证实际结构与计算模型相符。

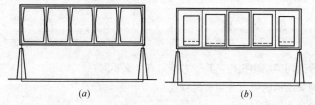

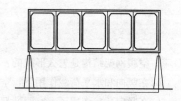

图 2.42　截面尺寸变化　　　　　　　图 2.43　杆端加腋

（*a*）腹杆变截面；（*b*）节间截面变化

2. 杆件截面的设计

空腹网架是由空间杆件构成的，在力学模型上属于空间梁单元。结构受荷以后，杆件截面受力有轴向力、两个方向的剪力、两个方向的弯矩和扭矩。对于单层空腹网架，严格来说上弦为双向压弯构件，下弦为双向拉弯构件，但是由于网架主要在两向的平面内受力，因此，上、下弦可以按照单向弯曲的压弯构件进行截面设计。

空腹网架结构的材料可以是钢筋混凝土的，也可以是钢结构的，我国已经建成的空腹网架实例大多是钢筋混凝土结构，而国外的工程实例大多是钢结构。

3. 空腹网架结构的制作与施工

(1) 钢筋混凝土的空腹网架结构：可以采用现浇的形式，也可以采用预制拼装的形式。采用现浇的形式与普通钢筋混凝土结构的施工方法完全相同；若采用预制拼装的形式，可以根据网架的受力特点，将结构制成角部为"L"形单元、边部为"T"形单元和中部为"X"形单元。各单元的接口处留出钢筋，单元拼装后，将预留出的钢筋焊接或搭接连接，后浇混凝土形成整体。混凝土结构面板可以在工厂预制或现场预制，在空腹网架主体结构施工完成之后，搁置在网架的上弦并与腹杆预留的钢筋焊接，预制板上后浇叠合层混凝土使之成为整体。

(2) 钢结构的空腹网架结构：根据网架的受力特点，将结构制成角部为"L"形单元、边部为"T"形单元和中部为"X"形单元，如图 2.44 所示。单元在工厂里加工制作完成以后可以集中捆绑，便于运输，而且质量容易保证，现场仅需用螺栓连接，施工较为方便。

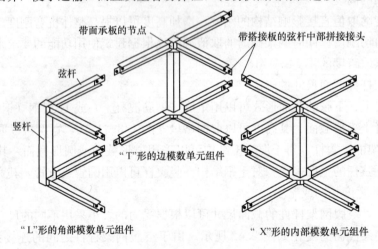

图 2.44 拼装单元

思 考 题

1. 空腹网架结构是怎么形成的？与普通网架结构相比，其受力特点有什么不同？

2. 在竖向和水平荷载作用下，空腹网架结构的受力分别有何特点？

3. 在竖向荷载作用下，空腹网架结构的变形有何特点？

4. 了解空腹网架结构的制作与施工方法。

第四章 折板形网架结构

第一节 折板形网架结构的概述

折板形网架结构是近年来发展起来的一种新型网架结构形式,它由平板网架单元按一定规律组合而成,可构造出形式丰富、建筑造型多样的结构形式。这种结构综合了折板、网架和壳体的优点,受力性能好,建筑造型优美,施工制作方便。

1. 折板形网架结构的特点

(1) 平板网架代替了混凝土或预应力混凝土折板,大大减轻了自重,可以跨越更大的跨度,符合空间结构的发展趋势;同时保留了折板结构的优点,通过板块的折叠组合,惯性矩增大,强度和刚度得到提高。

(2) 由于其组成单元为一定平面的平板网架,故在构件的加工制作、结构的施工安装方面具有网架的优点,简单方便,机械化程度高,可分块拼装,节点和部件可做到定型化、工厂化和商品化生产,结构的受力性能和质量得到保证。

(3) 受力性能接近于曲面网壳,其强度、刚度均优于平板网架,用钢量也比网架少;结构形式丰富,建筑造型新颖优美,像网壳一样给人以轻盈、明快的视觉效果和美的感受。

折板形网架结构综合了折板、平板网架和曲面网壳的优点,其自然形成的谷线和脊线既丰富了体型美感,提高了整体刚度,又具有排水方便的特点。

2. 折板形网架结构的发展和应用

折板形网架是一种新型的杂交空间结构,在国内不太受人关注。国内外已有一些工程采用了折板形网架结构形式,如日本读卖陆上海豚馆、日本北海道真驹室内滑冰场(图2.45)、杭州陈经纶体校球场、浙江温州及台州电厂干煤棚工程等。

杭州陈经纶体校球场采用八片三角形正放四角锥网架,四斜腿支承,坡度为1∶5,网格尺寸2.46m×2.46m,网架厚1.8m。经过计算分析,该折板形网架结构用钢量为32.5kg/m²,如果采用四支点平板网架,那么用钢量将达到38.1kg/m²,由此可见其优越性。同时,网架的挠度也比采用平板网架明显减小,显示该种结构具有较大的刚度,建成后使用情况良好。

温州发电厂的一座干煤棚如图2.46所示,也采用了折板形网架结构,结构沿纵向分为五个整波段,

图2.45 日本北海道真驹室内滑冰场

图 2.46　浙江温州电厂干煤棚

两端各延伸 1/4 波段，每一波段为 15m，分成四个网格。纵向折线坡度为 1∶5，网架最小厚度为 2m，最大厚度为 2.75m，跨度 80.144m，矢高 33.74m。该结构与光面网壳相比，结构刚度提高 26%，最大内力下降 22%。

第二节　折板形网架结构的形式与分类

折板形网架的造型非常灵活、形式多样，理论上可以满足任意平面、任意形状的建筑要求。

1. 分类

按照单元的构成，折板形网架分为一元折板形网架、多元折板形网架、组合折板形网架。其中一元折板形网架又可细分为带脊线的折板形网架、带脊线及谷线的折板形网架。

1) 一元折板形网架

(1) 带脊线的折板形网架：将一定形状的三角形平板网架按棱锥面组合而成，适合于多种多边形建筑平面，常见的平面形式有正三角形、正四边形、正五边形、正六边形、正八边形等，如图 2.47 所示。

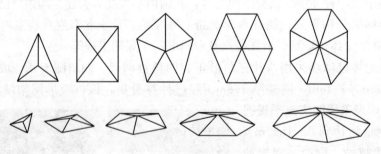

图 2.47　带脊线折板形网架

这种形式结构简单、施工方便，与平板网架相比，造型美观、受力合理、可以跨越较大的跨度、用钢量省，并且该结构可以进一步拓宽形成具有更大跨度的折板形网架，比如将五边形带脊线折板形网架进行拓宽，可以形成新的平面接近圆形的折板形网架，造型新颖优美；当结构的跨度要求较大时，可以继续拼接其他三角形平板网架，形成由三圈三角形平板网架组成的折板形网架，该结构形式的三角形平板网架的个数为 $5n^2$ 个，其中 n 为圈数。如图 2.48 所示的位于日本仙台釜草的折板形网架，建于 1972 年，是六边形带脊线折板形网架，净跨 100m，总用钢量仅 848t。

图 2.48　日本仙台釜草的折板形网架

（2）带脊线及谷线的折板形网架：将组成带脊线折板形网架的每一平板网架按一定角度折成两块，就可获得带脊谷线折板形网架，其刚度较前者进一步提高。如图 2.49 所示。脊谷线折板形网架同样适用于多种建筑平面，其建筑造型既像一绽放的花瓣，又像撑开的雨伞，优美别致，具有强烈的空间效果。网壳的边缘可以设置边桁架以承受角点支承时在支座处产生的较大水平推力，也可以布置门窗以满足建筑功能的要求。同时，雨水可以顺势沿谷线流入角点处的雨水管，所以该结构具有自然的组织排水功能。随着多边形平面边数 n 的增大，形成的脊、谷线越多，结构的刚度也提高得越多，同时平面形状也越来越接近于圆形。但是当 n 大于 6 时，屋顶节点汇聚的杆件过多，并且杆件间的夹角过小，会给构件制作和结构施工带来困难，此时可以在屋顶开口，使杆件提前交汇于开口处的内压环上。有时，为了增加造型的美感，将脊谷线折板形网架的脊线进行外伸，形成挑檐，见图 2.50。图 2.51 为四边形带脊线及谷线折板形网架立面对照图，图 2.52 为日本静冈的一个体育馆，屋顶采用八边形的脊谷线折板形网架，由 16 块三角形平板网架组成。

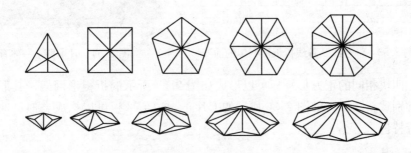

图 2.49　带脊线及谷线的折板形网架

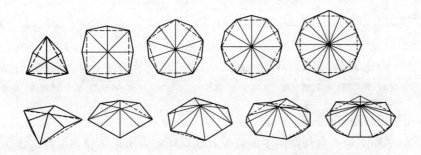

图 2.50　脊线外伸的带脊线及谷线折板形网架

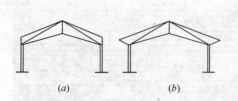

图 2.51 四边形带脊线及谷线折
板形网架立面图
(a) 脊线非外伸；(b) 脊线外伸

图 2.52 日本静冈—体育馆

带脊线及谷线折板形网架的演变：带脊线及谷线折板形网架的体型富于变化，建筑师们有时为了追求曲线美，常将三角形用扇形球面壳来替换，形成了另外一种折壳式空间结构，如图 2.53 (a) 所示，造型非常别致；或者把同一边上交成 V 形的两块折板用相应的圆锥面来替换，那么就构成了另外一种空间结构，可以理解为一种特殊的叉筒式网壳，如图 2.53 (b) 所示。其形态优美流畅，具有很好的建筑艺术效果。图 2.54 为日本栃木的一个体育馆，由八片扇形球面壳组成，建筑造型相当优美。

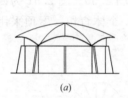
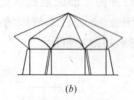

图 2.53 带脊线及谷线折板形网架的演变

图 2.54 日本栃木—体育馆

例如，四块相同的正方形平板可以形成如图 2.55 所示的折板形网架，其形态像一颗钻石，非常别致新颖。又如图 2.56 所示的七片正六边形平板可以构成类似足球面形成的结构，很有特色。

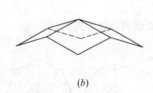
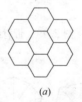
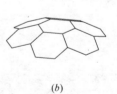

图 2.55 方形折板单元组成的折板形网架
(a) 平面图；(b) 透视图

图 2.56 六边形折板单元组成的折板形网架
(a) 平面图；(b) 透视图

2) 多元折板形网架

有时建筑平面不是一个规则的平面，或者建筑师们为了追求新颖奇特的建筑造型，就需要由不同平面形式的单元构成折板形网架——即多元折板形网架。

理论上讲，多元折板形网架可以像拼积木一样，根据建筑造型的需要构造出任意形状的折线结构。如图 2.57 所示，该折板结构由六块大的三角形平板、六块四边形平板和三块小的三角形组成，造型独特，美观大方。

如图 2.58 所示，该结构是五边形一元折板形网架的又一种拓展方式，由形状不一的三角形平板和五边形平板构成，平面和外形都非常奇特。

 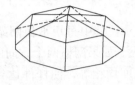  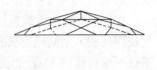

图 2.57　多元折板形网架结构　　　　　　图 2.58　由五边形和三角形组成的一种
折板形网架结构

3）组合折板形网架

各个相对独立的折板形网架有机地组合起来，满足不同的建筑平面和柱网布置的需求，同时又丰富了折板形网架的造型。如图 2.59 所示，经过组合后，不仅可以形成三角形、L 形、十字形、其他复杂的多边形等各种各样的平面，而且建筑造型也相当优美，令人赏心悦目。

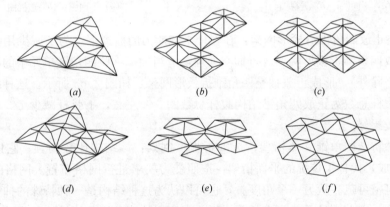

图 2.59　组合折板形网架结构

2. 折板形网架结构的结构形式

折板形网架是由平板网架单元组合而成的，所以一般为双层网架结构。折板形网架结构的网格布置形式同普通网架一样，可采用桁架体系、四角锥体系和三角锥体系。常用的有正放四角锥网格、正放抽空四角锥网格、两向正交正放网格、两向正交斜放网格等。

（1）两向正交正放折板形网架：其中每个平板网架单元是由两个方向的平面桁架正交而成，两向桁架分别与边界垂直或平行，如图 2.60 所示。由于上、下弦杆

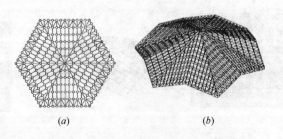

图 2.60　六边形正交正放折板形网架
(a) 平面图；(b) 透视图

组成的网格为矩形，腹杆又在相应上、下弦杆平面内，属几何可变体系。为了能有效传递荷载，对于周边支承的折板形网架，宜在支承平面内沿周边设置斜杆；对于角点支承的折板形网架，应在支承平面内沿主桁架（通过支承的桁架）的两侧（或一侧）设置斜杆。

（2）两向正交斜放折板形网架：其中每个平板网架单元是由两向正交斜放桁架系构成，每榀桁架与边界的夹角成 45°，如图 2.61 所示。

（3）正放四角锥折板形网架：如图 2.62 所示，其中每块平板网架单元由四角锥按一定规律构成，空间刚度要比桁架系折板形网架大。如果网格两个方向的尺寸相等，腹杆与下弦平面夹角成 45°，那么上、下弦杆和腹杆长度均相等，使杆件达到标准化，便于工厂化生产。杭州陈经纶体校网球场的折板形网架就是采用了正放四角锥的网格布置形式。

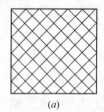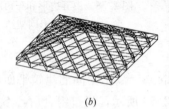　　　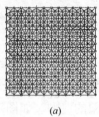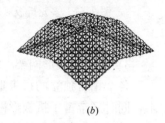

（a）　　　　　　　　（b）　　　　　　　　　　　（a）　　　　　　　　（b）

图 2.61　四边形正交斜放折板形网架　　　　图 2.62　四边形正放四角锥折板形网架
　　（a）平面图；（b）透视图　　　　　　　　　　（a）平面图；（b）透视图

（4）抽空正放四角锥折板形网架：在保证承载能力的前提下，为了减少用钢量，节省造价，对正放四角锥折板形网架进行抽空处理，适当抽掉一些四角锥单元中的腹杆和下弦杆（周边网格除外），形成正放抽空四角锥折板形网架，如图 2.63 所示。这种结构的杆件数量较少，腹杆总数为正放四角锥结构腹杆总数的 3/4 左右，下弦杆减少 1/2 左右，构造简单，经济效果好。

（5）一种特殊四角锥立体桁架构成的折板形网架：该结构比较新颖，它以立体桁架（由四角锥组成）代替了传统的平面桁架，按照受力要求进行网格布置。网格的间距根据荷载的大小可密可疏。从另一个角度看，也可以认为这种结构是一种特殊的抽空四角锥折板形网架结构，它在满足承载要求的前提下，在原正放四角锥网架结构的基础上，按一定规律抽掉部分上、下弦杆及腹杆而构成，如图 2.64 所示。该结构杆件数量较少，给人以简洁、明快的感觉。

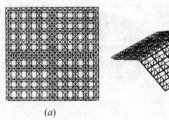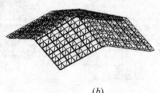　　　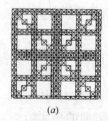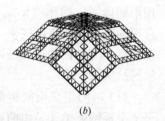

（a）　　　　　　　　（b）　　　　　　　　　（a）　　　　　　　　（b）

图 2.63　正放抽空四角锥折板形网架　　　　图 2.64　立体桁架型折板形网架
　　（a）平面图；（b）透视图　　　　　　　　　（a）平面图；（b）透视图

第三节　折板形网架结构的支承形式

在一个结构中，支承体系主要起着传递荷载的作用，是保证结构安全的关键所在，它与结构的建筑造型和受力性能密切相关。

折板形网架主要有周边支承和点支承两种支承方式。周边支承时，边界节点都是制作节点，可以支承在柱顶或连系梁上，传力直接，受力均匀，在工程中最为常用。

（1）带脊线折板形网架的周边支承：由于其边界是一个闭合的多边形，所以可以方便地布置支承，下部支承结构宜设置环形连系梁形成一圈封闭的箍，由于网架对支承结构存在较大的水平推力，故沿边界或在边界附近布置预应力拉索，如图 2.65（a）所示。

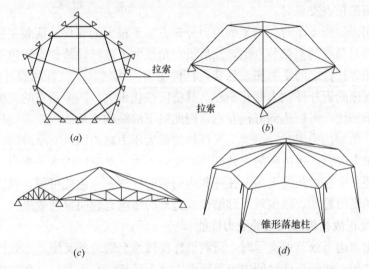

图 2.65　折板形网架的支承方式
（a）带脊线折板形网架的周边支承；（b）带脊线及谷线折板形网架的多点支承；
（c）在边界依据折线形状设置平面桁架或立体桁架；（d）设置锥形落地柱

（2）带脊线及谷线折板形网架的多点支承：根据其开敞的边界及谷线的端点是网架最低点，适合采用多点支承，网架可直接落地，在点支座间设置预应力拉索，掩埋于地下，如图 2.65（b）所示。

（3）在边界依据折线形状设置平面桁架或立体桁架，既充当网架结构端部的横隔，又可作为网架的支承结构，如图 2.65（c）所示。

（4）当网壳较扁平仅作屋面时，可设置锥形落地柱，如图 2.65（d）所示。

第四节　折板形网架的受力性能

1. 正放四角锥折板形网架的受力性能

下面通过一个算例来说明折板形网架的受力特点。

对一个平面尺寸为 30m×30m 的一元正放四角锥折板形网架进行分析，如图 2.66

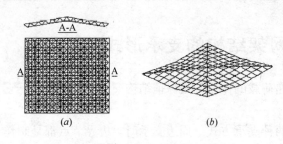

图 2.66　一元正放四角锥折板形网架
(a) 平面图；(b) 上弦层透视图

所示。

(1) 当采用上弦周边支承时：荷载沿杆件传递至周边各支座，上弦杆大多为压杆，受力较为均匀，相邻杆件之间的内力差距不大。下弦杆有压杆也有拉杆，除了在对角线上靠近支座的几根杆件受力较大外，其余杆件的内力均不大。由于网架对四个角支座有水平推力，因此对下部结构或基础的设计有一定的要求。折板形网架的节点位移均不大，节点挠度的变化规律类似于四边简支的正方形平板。

(2) 当采用四角点支承时：

①支座采用固定铰支座时，网架的内力分布发生了很大的变化，荷载主要沿平行于边界的弦杆传递到对角线的上弦节点上，然后沿对角线的上弦杆件传递到四角支座，上弦杆件大多受压，相邻杆件之间受力相差悬殊，杆件受力不均匀。下弦杆和腹杆则有拉有压，轴力均较小。支座附近杆件轴力变化剧烈，其挠度变化也大。四个角点的支座水平推力较大，与周边支承相比，可以达到五倍左右，因此对下部结构或基础的要求比较苛刻。

②当设置三角形边桁架时，网架上弦杆件的最大压力减为四点支承时的一半，杆件受力的均匀性有很大改善，边桁架的下弦杆件的受力不大，对支座的水平推力也较小。轴力较大的杆件主要集中在对角线上的上弦杆和边桁架的杆件上。由此可见，设置边桁架对改善折板形网架的受力特性、减少对下部结构或基础的影响有较明显的效果。

2. 两向正交正放折板形网架的受力性能

(1) 当采用周边下弦节点支承时，荷载沿杆件传递至周边各支座，上弦杆件大多为压杆，受力较为均匀，相邻杆件之间内力差别不大。下弦杆件有压有拉，在对角线上的几根杆件受力较大，腹杆轴力均较小。周边中间各支座的竖向反力比正放四角锥有所减少，而角部附近支座的竖向反力则有所增加，网架对四个角支座的水平推力比正放四角锥大为减少，因此两向正交正放网格布置对下部结构或基础的影响比正放四角锥网格布置要小，网架位移也比正放四角锥布置略小。

(2) 当采用四角点支承时：

①支座采用固定铰支座时，网架的内力分布有很大的变化，荷载主要沿平行于边界的弦杆传递到对角线的节点上，然后沿对角线上的弦杆传递到四角支座。因此，垂直于边界的弦杆轴力比平行于边界的弦杆轴力要小得多。上弦杆件大多受压，杆件受力比正放四角锥布置时均匀，最大轴力小得多。下弦杆有拉有压，轴力比正放四角锥布置时大很多，这其中一部分原因在于采用了下弦节点支承。应力较大的下弦杆主要集中在对角线和靠近支座处。除了支座附近的几根腹杆轴力较大，其余腹杆的轴力均较小。网架杆件的最大压力相对正放四角锥时大为减少，使节点和杆件的设计更加方便，四个角点支座承受的水平推力也较小。

②当设置边桁架且四角点支承，支座不设置水平约束时的两向正交正放折板形网架：网架杆件的最大轴力比不设置边桁架的情况小很多，杆件受力的均匀性有很大改善。由此

可见，在设置边桁架且四角的支座不设置水平约束后，上弦杆件的轴力明显增加，而下弦杆件的轴力明显减少，对下部结构或基础的影响也明显减少。

思　考　题

1. 折板形网架结构有何特点？
2. 按照单元的组成，折板形网架可以分为哪几类？
3. 与普通网架结构相比，折板形网架的受力性能有何不同？

第五章 三层网架结构

第一节 三层网架结构概述

1. 三层网架的定义与特点

（1）双层网架的局限性

随着社会进步，更大空间的建筑已经成为实际需要，双层网架在跨越更大跨度方面存在很大的局限性，主要表现在以下两个方面：

①随着结构跨度的增大，网格尺寸也将增大，为了防止压杆的失稳破坏，必然要选用很大截面的杆件，这样难以发挥钢材的高强度性能，同时屋面处理变得困难，造成费用的增加。

②随着结构跨度的增大，杆件的受力也将变大，需要直径很大的高强度螺栓，这样会增加螺栓球节点的设计难度。

（2）三层网架结构的概念

三层网架是双层网架的开拓与发展，也是双层网架的有机组合，三层网架继承了双层网架结构的优点，同时又很好地解决了双层网架结构在跨越更大跨度方面的不足，使空间网架结构的应用领域得到进一步拓宽。

图 2.67 三层网架层分类

三层网架由上弦、中弦、下弦、上腹杆、下腹杆及边桁架五层构造及周边封闭桁架共六部分组成。

2. 三层网架的特点

（1）三层网架由六部分组成，因而它的形式比双层网架有成倍地增加。

（2）三层网架的网格尺寸通常比双层网架的小。随着跨度的增大，为了保证结构的刚度，网架的高度也必须增大，以角锥体组成的网架为例，双层网架只有一个锥体，从构造上要求双层网架的网格尺寸不能太小，而三层网架有上、下两个锥体，所以结构跨度越大，三层网架的网格尺寸与双层网架的网格尺寸差距也越大。

（3）三层网架结构的稳定性能比双层网架好，结构冗余度大，即使某层网架的某根杆件失效，由于杆件密集，传力路径多，结构有更好的安全储备，结构有很好的延性。

（4）三层网架的内力分布均匀，内力峰值远小于双层网架，通常要下降约 $25\%\sim60\%$，所以三层网架可以采用更细的钢管，更小直径的球节点，对于杆件内力有一定限度的螺栓球节点网架也可在大跨度三层网架中应用，这进一步拓宽了螺栓球节点的应用范围。

（5）由于网格尺寸小、内力分布均匀、峰值较低，三层网架的杆件长度明显减小，特别是腹杆长度比双层网架几乎减小一半；同时三层网架结构受力关键部位及次要部位的区别明显，可以通过杆件抽空得以实现结构的优化。

（6）三层网架的刚度大、用材省，当跨度超过 50m 时，与同等跨度的双层网架相比，可节省钢材用量 10%～20%，并且跨度越大用钢量越小于相应的双层网架。

研究表明：对于 50m 以上跨度的建筑，三层网架的材料用量、制作安装等各项经济技术指标均比双层网架优越。

3. 三层网架结构的发展与应用

（1）国外：三层网架结构自 20 世纪 60 年代以来，逐渐在美国、德国、瑞士、荷兰、伊朗等国家得到了应用和发展，在众多展览厅、飞机库等大跨度建筑中得到采用。

美国科罗拉多州丹佛市库利根展览大厅屋盖是世界上最早采用三层网架结构的工程之一，正放四角锥三层网架，网格 3m，高 4.3m，支承在四个倒四角锥多层网架柱上。德国的 Dusseldorf 展览中心菲利普展览厅，平面尺寸为 75m×66m，采用四点支承的三层斜放四角锥网架。伊朗德黑兰曼拉拜德机场飞机库，平面尺寸 85m×92.5m，采用了棋盘形四角锥三层网架。瑞士苏黎世克洛滕大型喷气飞机机库，平面尺寸为 125×128m，采用四柱支承的两向正交斜放三层网架，网格尺寸为 9m，高 11.65m。

（2）国内：我国在 20 世纪 80 年代后期开始采用三层网架。

1988 年建成的长沙黄花机场机库屋盖尺寸 48m×64m，是三边支承、一边开口的斜放四角锥三层网架，网架高 5m，开口边是四层网架，高 7.5m。

浙江涤纶厂网架厂房是 45m×72m 的斜放四角锥三层网架，周边支承，网格尺寸 4.5m×4.5m，网架每层均高 2.8m，是我国最早在厂房建筑中采用的三层网架结构。

图 2.68 所示广东人民体育场的 435m 长环形挑篷屋盖，采用少支柱的正放四角锥局部三层网架结构，网格尺寸约 2.75m，网架每层均高 1.8m，整个挑篷对称地划为四块，每块网架均采用柱支承与周边支承相结合的支承方式，通过设在柱顶的大型板式柱帽来增加网架的刚度、降低柱子周围杆件内力，是我国首创的大柱帽局部三层网架挑篷结构。

如图 2.69 所示首都机场四机位机库长 306m，宽 90m，另设置四个尾库，采用斜放四角锥焊接空心球节点网架，中弦杆与上、下弦杆交错 45°，并设置了边桁架，网架高 6m，上、下弦网格尺寸为 4.22m×4.22m，中弦网格 6m×6m，是我国目前跨度最大的三层网架。

图 2.68 广东人民体育场

图 2.69 首都机场四机位机库

江西贵溪电厂干煤棚，采用两级抽空正放四角锥三层微弯型网架，平面尺寸 69m× 96m，两对边支承，柱距 12m，纵向挑檐 4.5m，横向挑檐 6.88m，网架采用变高度 5.6～ 7.0m。

湖南耒阳电厂干煤棚长 128m，宽 72m，跨度 64m，采用正放四角锥三层网架结构，网格尺寸为 4.0m×4.0m，高度为 4.0～5.5m，从优化网架结构的角度出发，在不影响结构承载能力及稳定性的前提下，对受力较小的网架中间区域的中弦层纵向杆件进行了抽空处理，如图 2.70 所示。

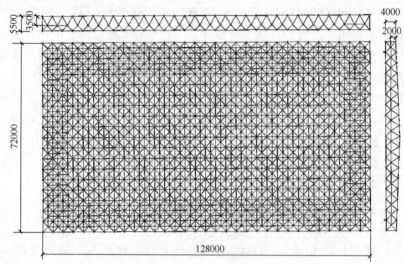

图 2.70 湖南耒阳电厂干煤棚网架平面布置图

第二节 三层网架结构的形式、分类与选型

1. 三层网架中各杆件的受力情况

三层网架由上弦、中弦、下弦、上腹杆、下腹杆及边桁架五层构造及周边封闭桁架共六部分组成，边桁架在双层网架中有时是不需要的，但在三层网架结构中通常是非常有用的组成部分（特别是当下弦层支承时）。

1）上弦杆主要承受压力。

2）下弦杆主要承受拉力。

3）腹杆主要传递弦杆力，使网架空间工作。

4）中层弦杆内力相对来说比较小，因为中弦层往往布置在结构中性曲面附近，所以三层网架的中弦层弦杆通常按构造配置。在不发生几何可变的情况下，有的三层网架可以省去中层弦杆，但中层弦杆能加强网架侧向刚度，增加网架整体稳定性。

5）设置边桁架的作用：边桁架对减小网架杆件内力、提高竖向刚度、保证网架几何不变、增强网架整体稳定性有重要作用。

2. 形式与分类

三层网架的形式很多，而且随着支承位置（上弦层、中弦层，下弦层）不同，杆件布置的方式也多样化，通常把三层网架分为四大类，即平面桁架体系、空间桁架体系、局部三层网架、三层组合网架体系。

（1）平面桁架体系：这种类型的三层网架是由相互交叉的几组平面桁架系组成，整个网架的上、中、下层弦杆和上、下层腹杆均在桁架的垂直平面内。每个平面桁架与双层交叉桁架系网架中的一个桁架相比，节点数增加 50%，杆件增加近一倍，整体刚度也大大提高。

根据两组平面桁架之间交角的变化及边界相对位置的不同，又可以分为两向正交正放三层网架、两向正交斜放三层网架、两向斜交斜放三层网架。

①两向正交正放三层网架

由平面桁架组成的桁架系在水平面上互成 90°交角，且与边界平行或垂直，见图 2.71（a）。

适用于平面为正方形或接近于正方形的情况，受力类似于双向板，两个方向内力较为接近。当平面长宽比很大时，网架受力主要以短跨方向传递，趋向于单向受力。

②两向正交斜放三层网架

由两向正交正放网架在水平面上旋转 45°而得，因而桁架与边界成 45°交角，见图 2.71（b）。

这种形式的网架也适用于正方形或矩形平面。当周边支承时，在角点附近支座会出现反拉力，需作适当处理。

③两向斜交斜放三层网架

该网架的网格不是正方形而是菱形，网架加工和安装比较困难，见图 2.71（c）。仅当建筑上特殊需要或柱距在两个方向不相等时，才会考虑应用这种网架形式。

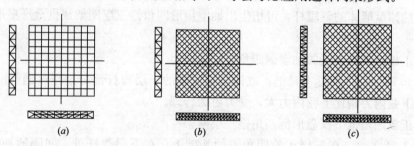

图 2.71　平面桁架体系示例
（a）两向正交正放三层网架；（b）两向正交斜放三层网架；（c）两向斜交斜放三层网架

（2）空间桁架系

这种类型的三层网架的弦杆、腹杆一般不位于同一垂直平面内。从组成单元看，往往是由四角锥、三角锥等锥体单元组成，采用最多的是由四角锥单元体组成的三层网架，而由三角锥单元体组成的三层网架，由于节点处连接的杆件太多，不宜在三层网架中采用。另外，由部分平面桁架和部分锥单元组成的混合型三层网架也是值得采用的形式。

空间桁架系又可细分出 13 种形式。

①正放四角锥三层网架

组成单元如图 2.72（a）所示。上下有两个正（倒）放四角锥，与中层节点相交的弦杆和腹杆多达 12 根，网架刚度大，受力均匀，但耗钢量较大。

②正放抽空四角锥三层网架

组成单元如图 2.72 (b) 所示。在正放四角锥三层网架的基础上把上层腹杆和下层腹杆部分抽掉，中层杆网格尺寸放大一倍，但周边网格不抽。经济效果较好，但刚度比正放四角锥三层网架要小些。

③棋盘形四角锥三层网架

组成单元如图 2.72 (c) 所示。在正放四角锥三层网架的基础上，把上层腹杆和下层腹杆间隔抽掉，中层网格变成正交斜放，周边网格不抽空。棋盘形四角锥三层网架的总杆件数比正放四角锥三层网架降低 27% 左右，刚度也略有降低，但经济效果较好，是一种理想的网架形式。

当建筑平面为狭长矩形时可优先采用这种网架形式。

④斜放四角锥三层网架

见图 2.72 (d)，组成单元仍是上下两个正（倒）四角锥，但是锥底布置方向与边界成 45°。

由于双层网架中下弦杆是上弦杆的 1.414 倍，下弦拉力比上弦压力大近一倍，但三层网架中的上、下弦杆网格相同，内力绝对值较为接近，受力性能有了较大改善。

研究发现：它是各种网架形式中经济指标最优的一种三层网架形式。特别是当平面形状接近正方形时尤其如此。

⑤星形四角锥三层网架

见图 2.72 (e)，由星体单元组成的三层网架，它的上、下弦杆和上、下层腹杆在同一平面内，中层杆正交正放，受力特点接近于两向正交斜放三层网架。

如果抽掉星形体的斜腹杆，可衍生出抽空星形四角锥三层网架或棋盘形星形四角锥三层网架。

⑥上正放四角锥下正放抽空倒四角锥三层网架

见图 2.72 (f)，实际上是把正放四角锥网架的下层腹杆部分抽空，调整网架上下刚度比，使下弦内力稍比上弦内力大，受力更为合理。

⑦上正放四角锥下棋盘形倒四角锥三层网架

见图 2.72 (g)，在三层正放四角锥的基础上，在下层腹杆处，间隔地抽掉斜腹杆，调整网架上、下刚度比，可以取得较好的经济效果。这种想法可以扩展为：三层正放四角锥网架的上、下层腹杆按不同的抽空率进行适当抽空，可望得到最佳经济效果。

⑧上星形四角锥下正放四角锥三层网架：见图 2.72 (h)。

⑨上斜放四角锥下正放四角锥三层网架：见图 2.72 (i)。

⑩上棋盘形四角锥下斜放四角锥三层网架：见图 2.72 (j)。

网架形式⑧～⑩是一种正放网格与斜放网格组合在一起的网架形式，特点是下弦杆比上弦杆长，受力较为合理。

⑪上棋盘形四角锥下两向正交斜放桁架系三层网架：见图 2.72 (k)。

⑫上两向正交正放桁架系下正放四角锥系三层网架：见图 2.72 (l)。

⑬上两向正交斜放桁架系下正放四角锥三层网架：见图 2.72 (m)。

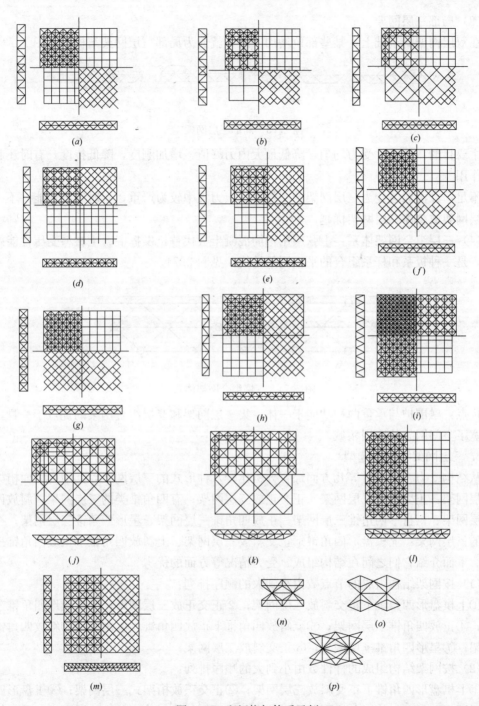

图 2.72 空间桁架体系示例

(a) 正放四角锥三层网架；(b) 正放抽空四角锥三层网架；(c) 棋盘形四角锥三层网架；(d) 斜放四角锥三层网架；(e) 星形四角锥三层网架；(f) 上正放四角锥下正放抽空倒四角锥三层网架；(g) 上正放四角锥下棋盘形倒四角锥三层网架；(h) 上星形四角锥下正放四角锥三层网架；(i) 上斜放四角锥下正放四角锥三层网架；(j) 上棋盘形四角锥下斜放四角锥三层网架；(k) 上棋盘形四角锥下两向正交斜放桁架系三层网架；(l) 上两向正交正放桁架系下正放四角锥系三层网架；(m) 上两向正交斜放桁架系下正放四角锥三层网架；(n) 正放四角锥三层网架锥体单元连接；(o) 斜放四角锥三层网架锥体单元连接；(p) 星形四角锥三层网架锥体单元连接

（3）局部三层网架

在双层网架的基础上，某些部位增加一层，就成为局部三层网架结构。见图 2.73。

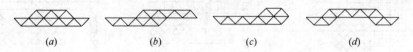

图 2.73 局部三层网架

主要目的：使杆件受力均匀，降低最大内力峰值，增加刚度，降低挠度，有时还起到拱的作用。

不足：在由双层变为三层网架的交接处，应力集中较为严重，有时经济性能并不一定比双层网架或整体三层网架优越。

（4）三层组合网架体系：上弦层用钢筋混凝土板代替，发挥混凝土材料受压性能好的特性，是一种板系和杆系组合的平板网架结构。见图 2.74。

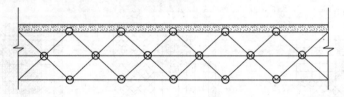

图 2.74 三层组合网架体系

优点：融围护与承重两种功能于一体，集三层网架和双层组合网架的优点于一身，大大拓宽了空间网架的应用领域。

3. 三层网架结构的选型

从结构受力、用钢量等几方面综合分析比较八种形式的三层网架，其中有平面桁架类的三层网架：正交斜放三层网架、正交正放三层网架；有四角锥类的三层网架：斜放四角锥三层网架、棋盘形四角锥三层网架、正放四角锥三层网架、星形四角锥三层网架；有混合型的三层网架：上棋盘形四角锥下正交斜放三层网架、上斜放四角锥下正放四角锥三层网架。下面介绍它们之间在结构组成、受力情况等方面的优劣。

（1）按网架结构组成的节点数由小到大的顺序排列：

①上棋盘形四角锥下正交斜放三层网架；②正交正放三层网架；③棋盘形四角锥三层网架；④正放四角锥三层网架；⑤上斜放四角锥下正放四角锥三层网架；⑥斜放四角锥三层网架；⑦星形四角锥三层网架；⑧正交斜放三层网架。

（2）按网架结构组成的杆件数由小到大的顺序排列：

①上棋盘形四角锥下正交斜放三层网架；②正交正放桁架式三层网架；③棋盘形四角锥三层网架；④上斜放四角锥下正放四角锥三层网架；⑤斜放四角锥三层网架；⑥正放四角锥三层网架；⑦星形四角锥三层网架；⑧正交斜放三层网架。

（3）按网架结构刚度由大到小的顺序排列：

①星形四角锥三层网架；②斜放四角锥三层网架；③上斜放四角锥下正放四角锥三层网架；④上棋盘形四角锥下正交斜放三层网架；⑤正放四角锥三层网架；⑥棋盘形四角锥三层网架；⑦正交斜放三层网架；⑧正交正放三层网架。

（4）按网架结构的杆件内力峰值由小到大的顺序排列：

①正交斜放三层网架；②星形四角锥三层网架；③斜放四角锥三层网架；④上棋盘形四角锥下正交斜放三层网架；⑤上斜放四角锥下正放四角锥三层网架；⑥正放四角锥三层网架；⑦棋盘形四角锥三层网架；⑧正交正放三层网架。

（5）按网架结构的用钢量由小到大的顺序排列：

①上棋盘形四角锥下正交斜放三层网架；②斜放四角锥三层网架；③棋盘形四角锥三层网架；④上斜放四角锥下正放四角锥三层网架；⑤正放四角锥三层网架；⑥星形四角锥三层网架；⑦正交正放三层网架；⑧正交斜放三层网架。

按照上述的各项指标，一般选取三层网架形式的顺序是：首先应该考虑上棋盘形四角锥下正交斜放三层网架、斜放四角锥三层网架、棋盘形四角锥三层网架，其次选用星形四角锥三层网架、正放四角锥三层网架、上斜放四角锥下正放四角锥三层网架，通常最好不宜采用正交正放三层网架、正交斜放三层网架。

从加工制作安装等角度考虑：正放四角锥三层网架、斜放四角锥三层网架等可能更加方便。

在实际工程中，影响网架选型的因素是多方面的，如网架制作安装方法、用钢量指标、刚度要求、平面形状、支承条件等。每种结构形式都有其优缺点，必须根据实际情况的需要合理选择网架形式，而不应该拘泥于一些固定的标准与模式。

4. 适用性

三层网架与双层网架相比内力分布更加均匀，内力峰值明显减小。杆件短而细，便于加工、运输和安装。网格小屋面板也小，可以降低造价。当跨度较大时，在双层网架节点力太大，螺栓球不能用的情况下，采用三层网架可以降低节点受力，使采用螺栓球节点网架成为可能。在网架跨度、高度及上弦网格尺寸相同的条件下，网架跨度超过 50m 时，三层网架的用钢量要小，并且跨度越大用钢量越小于相应的双层网架。

研究分析表明：当跨度超过 50m 时，可以酌情考虑采用三层网架，当跨度大于 80m 时，则应优先考虑采用三层网架。对网架的开口边、多点支承网架柱帽处以及网架跨中，可以采用局部三层网架加强。

第三节　三层网架结构的计算方法与支承方式

1. 三层网架的计算方法假定

① 刚度很大；

② 变形小；

③ 在弹性范围内工作；

④ 不考虑材料非线性和几何非线性的影响。

2. 计算方法

对三层网架的计算有离散化和连续化两种。

3. 三层网架的支承形式

三层网架由三层弦杆层，都可以作为支承平面，一般考虑四种支承情形，见图 2.75。

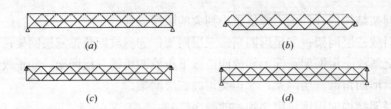

图 2.75　支承位置情况

(*a*) 下弦层周边简支；(*b*) 中弦层周边简支；(*c*) 上弦层周边简支；
(*d*) 上、下弦层同时周边简支

总体来说，四种支承情况的用钢量比较接近。

具体来说，下弦层支承时用钢量最大；其次是上、下弦层同时支承；对于上弦层支承，用钢量可以比下弦层支承时少 2%～3%；中弦层支承时用钢量最省，比下弦层支承时节省 5%～12%，但网架结构的最大挠度、最大内力都略有增加。

三层网架存在明显的边界效应：支承位置的不同对靠近边界附近的杆件内力有较大影响，有些杆件的内力符号发生了改变，而对离支座边界较远的区域杆件内力影响较小。一般来说，支承在中弦层为最佳方案，同时支承在上、下弦层方式，往往是不可取的。因为支座增加了一倍，而用钢量并没有节省，但是离支座边界的腹杆内力比其他支承情况下，几乎下降了一半。

第四节　三层网架结构的受力性能

1. 三层网架受力分布的基本概念

(1) 从宏观上来说，对于周边支承的三层网架，通常仍是上弦杆受压，下弦杆受拉，跨中挠度最大。

(2) 但是三层网架有与双层网架不同之处，由于组成不同，三层网架具有中弦层，有上、下两层腹杆，还有边桁架，这些会对结构的受力分布产生影响。

2. 三层网架结构随跨度和荷载的变化规律

(1) 三层网架的内力峰值、支座反力、挠度及用钢量基本上随跨度和荷载呈线性变化。

(2) 三层网架每平方米的用钢量几乎随跨度呈线性变化，斜放四角锥三层网架的用钢量最省，棋盘形四角锥三层网架与斜放四角锥三层网架的用钢量比较接近，而正放四角锥三层网架的用钢量最大。用钢量对荷载变化的敏感性比较大，随荷载增大而增加较快。

(3) 三层网架的上、下弦杆件内力峰值的比值与上、下层网架刚度的比值有关，刚度比值越大，则上、下弦内力峰值的比值也越大，并且刚度大的那层弦杆的内力大于刚度小的那层弦杆内力。

(4) 斜放四角锥三层网架反力峰值比较大，而且存在反拉力；对于正放四角锥三层网架和棋盘形四角锥三层网架，它们的反力几乎相近。

(5) 三层网架的挠度比大致在 1/380～1/780 之间，斜放四角锥三层网架刚度比较大。正放四角锥三层网架、棋盘形四角锥三层网架在 100m 以下的最大挠度比较接近，挠度对荷载变化的敏感性不大。

3. 三层网架结构中层弦杆的影响和中层位置的优化

（1）假如把网架视为连续板，中弦层通常设置在几何中面上，也同时位于板的中曲面附近，根据经典板的理论，中性曲面上的弯曲应力为零，所以三层网架中层弦杆上的内力很小，基本上可以按照构造配置，故去掉中层弦杆对网架的内力、挠度影响很小，对用钢量的影响也是随跨度的增大而变小，而且中弦层支承时去掉中层弦杆比下弦层支承时去掉中层弦杆用钢量节省要大。

（2）虽然中层弦杆对三层网架的内力、挠度影响很小，但是它对结构整体稳定有较大作用。当去掉中层弦杆时，有时会使网架发生几何可变，特别是在没有边桁架和中层弦杆的情况下，大多数三层网架将发生几何可变现象。

（3）中层弦杆的布置有两种方法：①全部中层弦杆布置；②部分中层弦杆布置。如图2.76 所示。

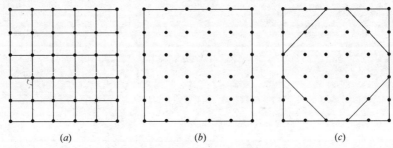

图 2.76　中层弦杆布置方式

（a）全部中层弦杆布置；（b）、（c）部分中层弦杆布置

（4）由于三层网架的中性曲面很难找到，而且几何中面和中性曲面并不重合，所以中层弦杆的内力不可能为零，而是主要承受适当的拉力。

（5）中层位置的变化必定会对网架的上、下层网架刚度比和上、下弦杆内力比产生影响，使网架内力重分布。也就意味着存在这样一个中层面，能使网架受力最为合理，用钢量最省。

（6）优化中面既与网架形式有关，又与是否设置中层弦杆有关。

（7）把网架中层面设置在优化中面上与设置在几何中面上相比，网架的用钢量降低的不多，大约仅有 1%。所以，在实际应用三层网架时，可以把网架的几何中面认为是最佳中面，这样也有利于网架的加工、安装。

4. 局部三层网架结构的受力特点

局部三层网架是利用结构本身的条件发挥其作用，降低网架内力峰值，提高网架刚度，有一定的经济效益，特别是大跨度的网架适当地增加一定范围的三层网架，经济效果较为明显。对于大跨度螺栓球节点网架，由于受高强度螺栓的最大直径所限而不能满足内力的需要，就可以利用三层网架来降低内力峰值，从而满足设计需要。

局部三层网架可以结合建筑物的使用要求，较合理地解决大、中型建筑物的采光、通风问题，同时可以使屋面排水找坡的距离缩短。但局部三层网架的内力峰值比相应的三层网架要大，在由双层变为三层的交接处有明显的应力集中现象，最大的内力也通常就在交接处的杆件中。局部三层网架虽然杆件数和节点数有所减少，但是刚度有所下降，挠度有所增加，并且由于杆件内力增大，并没有使用钢量降低，有时候反而会有所增加。

　　按局部三层网架设计，在施工时就应该同时将局部三层网架部分加工好，不能分开施工，这样才能使其真正达到三层网架共同工作的作用；如果按双层计算，那么三层必须作为荷载考虑。在地震作用下，局部三层网架的动内力幅值降低，这对抗震是有利的。

思 考 题

1. 双层网架有何局限性？
2. 请说明三层网架中各杆件的受力情况。
3. 中层弦杆对三层网架结构的受力性能有何影响？
4. 与三层网架相比，局部三层网架的受力特点是什么？

第三篇　空间网壳结构

第三章 空间的界定

第一章 空间网壳结构概述

第一节 网壳结构的概念

1. 网壳结构的概念

网壳结构是一种曲面形网格结构，有单层网壳和双层网壳之分，是大跨度空间结构中一种举足轻重的主要结构形式。

2. 网壳结构的优点和特点

(1) 网壳结构造型丰富多彩，不论是建筑平面，还是空间曲面外形，都可以根据创作要求任意选取，因此广大建筑设计人员都乐于采用网壳结构，目前网壳结构在各种大跨度建筑中得到了极为广泛的应用。

(2) 网壳结构的刚度大、跨越能力大，往往当跨度超过 100m 时，便很少采用网架结构，而较多地采用网壳结构。

(3) 网壳结构兼有杆系结构和薄壳结构的主要特性，杆件比较单一，受力比较合理。

(4) 网壳结构可以用小型构件组装成大型空间，小型构件和连接节点可以在工厂预制，走工业化生产的道路，现场安装简便，不需要大型的机具设备，因而综合技术经济指标较好。

(5) 网壳结构的分析计算借助于通用程序和计算机辅助设计，现已相当成熟，不会有太大难度。特别是双层网壳，通常可采用在我国已推广应用的网架结构计算软件，便能完成网壳结构的施工图设计。

3. 国内外网壳结构应用概况

(1) 国外网壳结构的发展与应用概况

国外最早的网壳可以追溯到 1863 年在德国建造的一个由施威德勒设计的 30m 直径的钢穹顶，是作为储气罐的顶盖。由此命名的这种施威德勒型的网状穹顶，至今仍作为球面网壳的一种主要形式。最近几十年来，国外的网壳结构发展迅速，尤其是在日本、美国、加拿大、德国等国家显得更加突出。

日本自 20 世纪 70～90 年代初的 20 多年中，据不完全统计，共建成了跨度 100m 左右到 140m 的大跨度网壳结构有 10 余幢。例如，1957 年建成的八户贮煤库，是曾经位于日本钢结构壳体最前列的菱形薄壳结构；真驹室内竞技场采用圆形平面，$D = 103$m，1970年建成；图 3.1 所示秋田室内滑冰场采用椭圆平面，99m×169m，1972 年建成；名古屋国际展览馆采用圆形平面，$D = 134$m，1973 年建成；图 3.2 所示广岛竹原室内储煤场采用圆形平面，$D = 124$m，1981 年建成；大阪多功能会堂采用椭圆平面，90m×125m，1983年建成；神奈川秋叶台文体馆采用矩形平面，72m×90m，1984 年建成；1990 年建成的东京体育馆；图 3.3 所示 1996 年建成的日本名古屋体育馆网壳穹顶，圆形平面，$D =$

187.2m，采用边长为10m的三向网格布置的单层网壳，杆件采用650钢管，网壳节点采用1450开口鼓形铸钢节点，内有三向加劲板，是世界上最大的单层球面网壳。

图3.1　秋田室内滑冰场　　　　　　　　图3.2　广岛竹原贮煤仓库

　　1976年建成的美国新奥尔良超级穹顶体育馆采用K12型球面网壳，圆形平面，见图3.4，$D = 207$m，矢高83m，网壳厚2.2m，用钢指标126kg/m²，可以容纳观众7.2万人，是当时国际上跨度最大的网壳结构。

图3.3　日本名古屋体育馆网壳穹顶　　　图3.4　美国新奥尔良超级穹顶体育馆

　　1990年建成的新加坡综合体育馆，采用两对曲线形的脊桁架和四块三角形网壳组成人字形剖面的屋盖，菱形平面，200m×100m，支承在周边58根钢柱和两对内柱上，总覆盖面积13750m²，用钢指标86 kg/m²，该网壳采用地面和低空拼装，并设置三道钢绞线用千斤顶提升就位。在安装阶段，屋盖各部分之间及边柱上、下两端均为铰接，待施工完后再加以固定。这是由日本空间结构专家川口卫开发的Pantadome施工法，也曾在巴塞罗那奥运会主体育馆网球穹顶施工时采用。

图3.5　多伦多"天空穹顶"体育馆

　　加拿大多伦多"天空穹顶"体育馆，建筑平面基本上是圆形，采用由两个可平移的圆柱面网壳、一个可旋转不足1/4的球面网壳和一个固定不动的不足1/4的球面网壳共四部分组成，最大跨度约200m，如图3.5所示。当网壳需要开启时，通过平移或旋转装置设备，把三部分可动网壳使之重叠在不动网壳的上、下，此时91%的席位可以露天。

（2）国内网壳结构的发展与应用概况

我国的网壳结构在 20 世纪 50 年代初就有所应用，当时主要有一种联方型的圆柱面网壳，材料为小角钢或木材，跨度在 30m 左右，工程实例为扬州苏北农学院体育馆、南京展览中心屋盖结构等。

早年最有代表性的较大跨度的网壳结构是 1956 年建成的天津体育馆屋盖，采用带拉杆的联方型圆柱面网壳，平面尺寸 52m×68m，矢高 8.7m，用钢指标 45kg/m²。

1966 年建成的浙江衡山钢铁厂材料库，是我国最早按照空间工作设计计算的圆柱面钢网壳，平面尺寸 24m×60m，采用带有纵向边桁架的五波单层圆柱面网壳，材料为角钢，选用板节点，用钢指标 19kg/m²。

北京体育学院体育馆采用带斜撑的四块组合型双层扭网壳，平面尺寸 52.2m×52.2m，挑檐 3.5m，矢高 3.5m，如图 3.6 所示。马里议会大厦，1992 年在国内进行试拼装，1993 年建成，采用纵剖面不对称人字形的螺栓球节点双层柱面网壳，平面尺寸 35.4m×38.9m，矢高 10.3m，如图 3.7 所示。1992 年建成的吉林双阳水泥厂石灰石均化库采用平面桁架系构成的肋环型球面网壳，平面直径 86m，矢高 21.1m，用钢指标 49kg/m²，如图 3.8 所示。

图 3.6　北京体育学院体育馆　　　　　图 3.7　马里议会大厦

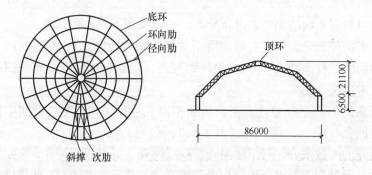

图 3.8　吉林双阳水泥厂石灰石均化库球面网壳的平面、剖面图

1994 年建成的天津体育馆采用肋环斜杆型双层球面网壳（图 1.22），圆形平面净跨 108m，矢高 15.4m，悬挑 13.5m，总跨径达 135m，网壳厚度 3m，采用圆钢管构件和焊接空心球节点，用钢指标 55kg/m²，这是我国首次突破 100m 跨度大关的网壳结构。图 3.9 所示 1998 年建成的长春五环万人体育馆平面呈桃核形，由肋环型球面网壳切去中央条形部分再拼合而成，体形巨大，如果将外伸支腿计算在内，轮廓尺寸 146m×191.7m，

矢高 38.6m，网壳厚度 2.8m，这是 20 世纪我国跨度最大、单体覆盖建筑面积最大的网壳结构。为了 1999 年昆明世博会开幕用，当年在昆明拓东体育场加盖了挑篷，首次采用周围连续的变厚度双层正放四角锥网壳结构，该挑篷宽度 34m，悬挑 26m。图 3.10 所示，2004 年建成的国家大剧院平面尺寸 142m×212m，椭圆形，矢高 46m，采用由 114 榀空腹拱拼装而成的肋环型 2 超级椭球网壳，并在对角方向设置四道大型交叉上、下弦杆，以提高抗扭能力和结构的整体稳定性，是我国目前唯一的，也是跨度最大的空腹网壳结构，用钢指标 137kg/m²。2002 年建成的深圳市市民中心大屋顶采用了平面尺寸为（154～120）m ×486m 的大鹏展翅形变厚度变曲率的网壳结构（图 1.25），在横向分为三段，两翼支承在 17 个树枝形的柱帽上，中部设有两向主桁架，并支承在 36m 大圆筒和 36m×48m 大方筒的侧壁及中部两端的树枝形柱帽上，是我国建筑覆盖面积最大的网壳结构。

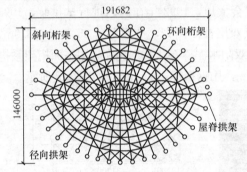

图 3.9　长春五环万人体育馆网壳平面图

图 3.10　国家大剧院实景照片

第二节　网壳结构的形式与选型

1. 分类

网壳结构可根据不同的原则来进行分类，一般采用下列几种方法：

（1）按曲面的外形分，主要有球面网壳（包括椭球面网壳）、双曲扁网壳、圆柱面网壳（包括其他曲线的柱面网壳）、双曲抛物面网壳（包括鞍形网壳、单块扭网壳、四块组合型扭网壳）等四类（图 3.11）。

（2）按曲面的曲率半径分，有正高斯曲率网壳（$K>0$）、零高斯曲率网壳（$K=0$）和负高斯曲率网壳（$K<0$）等三类（图 3.11）。

（3）按网壳的层数来分，有单层网壳、双层网壳、局部双层网壳、多层网壳。

网壳结构可通过切割与组合手段构成新的网壳外形，如图 3.12 可构成三角形、四边形或多边形平面上的球面网壳。

其中双层网壳通过腹杆把内外两层网壳杆件连接起来，因而可把双层网壳看做由共面与不共面的拱桁架系或大小相同与不同的角锥系（包括四角锥系、三角锥系和六角推系）组成。

（4）按网壳所用的材料分，主要有木网壳、钢网壳、钢筋混凝土网壳以及钢网壳与钢筋混凝土屋面板共同工作的组合网壳等四类。

（5）按网壳结构的跨度大小来分，80m 以上称为大跨度网壳结构，40m 以下称为小跨度网壳结构，40～80m 之间的称为中等跨度网壳结构。

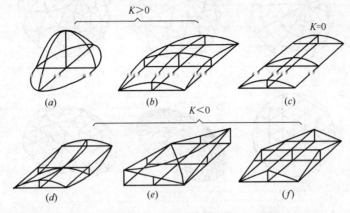

图 3.11　网壳结构按曲率半径、外形分类

（*a*）球面网壳；（*b*）双曲面网壳；（*c*）圆柱面网壳；（*d*）双曲抛物面鞍形网壳；（*e*）单块扭网壳；（*f*）四块组合型扭网壳

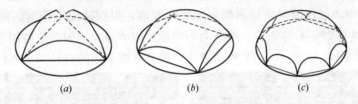

图 3.12　球面网壳的切割方式

（*a*）三角形；（*b*）四边形；（*c*）多边形

2. 球面网壳的形式与特点

球面网壳又称穹顶，是目前最常用的形式之一，主要包括单层和双层两大类。

（1）单层球面网壳，按网格划分方法，单层球面网壳主要有：肋环型、施威德勒型、联方型、三向网格型、凯威特型、短程线型共六种，如图 3.13 所示。

① 肋环型单层球面网壳是由径肋和环杆组成，径肋汇交于球顶，节点构造复杂，每个节点只汇交 4 根杆件，整体刚度差，适用于中小跨度。图 3.14 所示 2011 年上海世博会的印度展馆，采用的就是竹制肋环型网壳结构。

② 施威德勒型单层球面网壳是在肋环型的基础上加斜杆组成的。提高了网壳的刚度和抵抗非对称荷载的能力，整体刚度好，适用于中等及以上跨度。

③ 联方型单层球面网壳是由人字斜杆组成菱形网格，两斜杆夹角在 30°～60°，造型美观，又称为葵花型，整体刚度好，适用于中等及以上跨度。图 3.1 所示的日本秋田市滑冰场采用的就是联方型单层球面网壳。

④ 三向网格型单层球面网壳是在水平面内形成大小相等的正三角形网格，然后投影到球面上形成。由于结构的组成规律性强，结构外形美观，受力较好，适用于中小跨度。图 3.3 所示的日本名古屋体育馆采用的就是三向网格型单层球面网壳。

⑤ 凯威特型单层球面网壳是由 n 根径肋把球面分为 n 个对称的扇形曲面。在每个扇

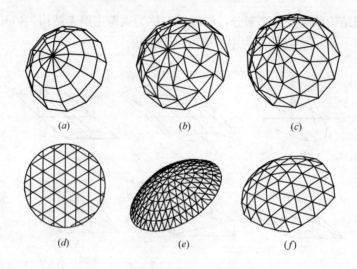

图 3.13 单层球面网壳结构的形式

形曲面内，再由环杆和斜杆组成大小较匀称的三角形网格，内力分布均匀，适用于中等及以上跨度。图 3.2 所示的日本竹原贮煤仓库采用的就是凯威特型单层球面网壳。

⑥ 短程线型单层球面网壳是根据测地线的原理，根据球面上测地线间距离最短的原理将球面网格进行划分而得到的。网格大小匀称，内力分布均匀，节省用钢量，适用于中等及以上跨度。图 3.15 所示 1922 年建成的耶那天文馆采用的就是为短程线穹顶。

图 3.14 上海世博会的印度展馆

图 3.15 耶那天文馆

（2）双层球面网壳：综合了单层球面网壳与双层网架结构的划分方法，主要形式有：肋环型角锥体系、联方型角锥体系、凯威特型角锥体系、平板组合式球面网壳等，见图 3.16。

双层球面网壳与单层球面网壳相比，结构刚度好，适用于大跨度建筑。

3. 柱面网壳的形式与特点

柱面网壳也是目前常用的形式之一，主要包括单层和双层两大类。

（1）单层柱面网壳。主要形式有：单斜杆型、弗普尔型、双斜杆型、联方型、三向网格型、米字网格型，共六种，见图 3.17。

① 单斜杆型单层柱面网壳是首先沿曲线划分等弧长，通过曲线等分点作平行纵向直

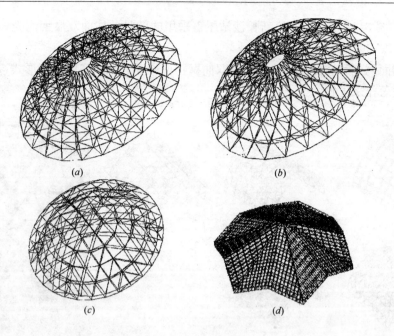

图 3.16　双层球面网壳结构的形式

（a）肋环型角锥体系；（b）凯威特型角锥体系；（c）联方型角锥体系；

（d）平板组合式球面网壳

线，再将直线等分，作平行于曲线的横
线，形成方格，对每个方格加斜杆，即
单斜杆型。杆件数量少，刚度较差，适
用于小跨度小荷载的屋面。

②　弗普尔型柱面网壳是在单斜杆基
础上将斜杆布置成人字形，也称为人字
形柱面网壳。杆件数量多，刚度较好。

③　双斜杆型柱面网壳是将方格内部
设置交叉斜杆，以提高网壳的刚度。杆
件数量多，刚度较好。

④　联方型单层柱面网壳的杆件组成
菱形网格，杆件夹角 30°～50°。杆件数
量少，刚度较差，适用于小跨度小荷载
的屋面。

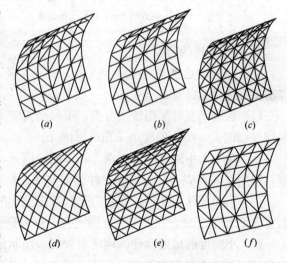

图 3.17　单层柱面网壳结构的形式

⑤　三向网格型单层柱面网壳可理解为联方网格上加纵向杆件，使菱形变为三角形。
杆件数量多，杆件品种较少，刚度最好，是一种比较经济合理的形式。

⑥　米字网格型就是将双斜杆布置成米字形。杆件数量多，刚度较好。

（2）双层柱面网壳：其形式很多，与双层网架结构的形式划分很类似，也可分为交叉
桁架体系、四角锥体系、三角锥体系。比较常用的具体形式有交叉桁架柱面网壳、正放四
角锥柱面网壳、抽空正放四角锥柱面网壳、斜放四角锥柱面网壳、三角锥网壳等，如图

3.18所示。图3.19所示的武广新长沙站屋盖采用的就是圆柱面双层钢网壳——正放四角锥体系。

除了球面网壳和柱面网壳外，还有双曲抛物面网壳、双曲扁网壳等形式，读者可以参考其他相关著作来了解。

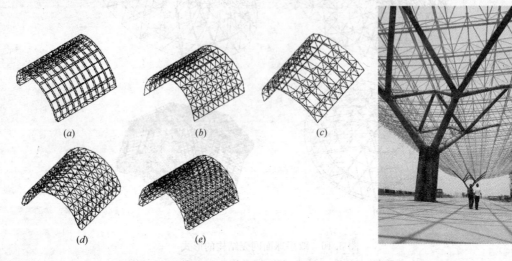

图 3.18 双层柱面网壳结构的形式 　　　　图 3.19 武广新长沙站屋盖
(a) 交叉桁架型；(b) 正放四角锥型；(c) 抽空正放四角锥型；
(d) 斜放四角锥；(e) 三角锥型

4. 网壳结构的选型

网壳结构的选型要考虑跨度大小、刚度要求、平面形状、支承条件、制作安装和技术经济指标等因素才能综合决定，一般可按照如下方法进行：

(1) 双层网壳可采用铰接节点，单层网壳应采用刚接节点，一般来说大中跨度网壳宜采用双层网壳，中小跨度可采用单层网壳。

(2) 对于大中跨度的球面网壳和双曲扁网壳，其中部区域可采用单层网壳，而边沿区域可采用双层网壳，从而形成一种局部单层、局部双层的网壳结构。

(3) 平面形状为圆形、正六边形和接近圆形的多边形时，宜采用球面网壳；平面形状为正方形和矩形时，宜采用圆柱面网壳、双曲扁网壳、单块和四块组合型扭网壳。

(4) 小跨度的球面网壳的网格布置可采用肋环型，大中跨度的球面网壳宜采用能形成三角形网格的各种网格类型。为不使球面网壳的顶部构件太密集，造成应力集中和制作安装的困难，宜采用三向网格型、扇形三向网格型及短程线型网壳；也可采用中部为扇形三向网格型，外围为葵花形三向网格型组合形式的网壳。

(5) 小跨度的圆柱面网壳的网格布置可采用联方网格型，大中跨度的圆柱面网壳采用能形成三角形网格的各种网格类型。双曲扁网壳和扭网壳的网格选型可参照圆柱面网壳的网格选型。网壳选型是一个比较复杂的问题，通常应进行多方案综合分析比较后才能确定。

第三节　网壳结构设计一般原则

1. 网壳的矢跨比、厚跨比

为了使网壳结构的刚度选取适当，受力比较合理，根据国内外的工程经验，给出网壳结构的矢跨比、厚跨比等可选范围，见表 3.1，以供工程设计参照应用。网壳结构的矢高以其支撑面确定，如果网壳支承在下弦，则矢高从下弦曲面算起。

网壳的矢跨比、厚跨比　　　　　　　　　　　　　　　　表 3.1

壳型	平面尺寸	矢高 f	双层壳的厚度 h	单层壳的跨度
球面网壳	跨度与长度的比 $\dfrac{B}{L} < 1$	$\dfrac{f}{B} = \dfrac{1}{6} \sim \dfrac{1}{3}$ 纵边落地时可取 $\dfrac{f}{B} = \dfrac{1}{5} \sim \dfrac{1}{2}$	$\dfrac{h}{B} = \dfrac{1}{50} \sim \dfrac{1}{20}$	$L \leqslant 30\text{m}$ 纵边落地时 $B \leqslant 25\text{m}$
柱面网壳	高度与直径的比 $\dfrac{f}{D} = \dfrac{1}{7} \sim \dfrac{1}{3}$	$\dfrac{f}{D} = \dfrac{1}{7} \sim \dfrac{1}{3}$ 周边落地时可取 $\dfrac{f}{D} < \dfrac{3}{4}$	$\dfrac{h}{D} = \dfrac{1}{60} \sim \dfrac{1}{30}$	$D \leqslant 60\text{m}$
双曲扁网壳	长向跨度与短向跨度比 $\dfrac{L_1}{L_2} < 1.5$	$\dfrac{f_1}{L_1} = \dfrac{1}{9} \sim \dfrac{1}{6}$ $\dfrac{f_2}{L_2} = \dfrac{1}{9} \sim \dfrac{1}{6}$	$\dfrac{h}{L_2} = \dfrac{1}{50} \sim \dfrac{1}{20}$	$L_2 \leqslant 40\text{m}$
单块扭网壳	长向跨度与短向跨度比 $\dfrac{L_1}{L_2} < 1.5$	$\dfrac{f_1}{L_1} = \dfrac{1}{4} \sim \dfrac{1}{2}$ $\dfrac{f_2}{L_2} = \dfrac{1}{4} \sim \dfrac{1}{2}$	$\dfrac{h}{L_2} = \dfrac{1}{50} \sim \dfrac{1}{20}$	$L_2 \leqslant 50\text{m}$

2. 网壳的网格尺寸和网格数

网壳结构的网格尺寸根据国内外的实践经验取值：当跨度小于 50m 时取 1.5～3.0m；当跨度为 50～100m 时取 2.5～3.5m；当跨度大于 100m 时取 3.0～4.5m。

网壳结构沿短向跨度的网格数一般不宜小于 6。

网壳结构在空间相邻杆件间的夹角不宜小于 30°，否则会给制作与安装带来困难，节点的受力也不尽合理。

3. 网壳的边缘构件

网壳结构除竖向反力外，通常有较大的水平反力（包括有垂直边界和沿边界的水平反力），应在网壳边界设置边缘构件来承受这些反力。

圆柱面网壳一般有三种支承方式：

（1）两端边支承。通常在两端设有横隔，其平面内应有足够的平面刚度，以承受沿边界的竖向和切向反力；横隔在平面外的刚度可不考虑。

（2）两纵边支承。通常在两纵边设置强大抗侧构件，以承受沿纵边的竖向和水平向反力。当纵边落地时在支承点常设置预应力地梁来承受水平反力。

（3）四边支承。通常在网壳的四边都要设置相应的边缘构件来传递竖向和水平向反力。球面网壳（包括椭球面）通常是设置实体的或格构的外环梁来承受竖向反力和水平推力。双曲扁网壳、单块扭网壳和四块组合型扭网壳通常是设置端部横隔等形式各异的边缘构件沿周边支承。这些边缘构件应具有足够的平面内刚度。网壳的边缘构件又常支承在下部结构上。必要时，连同边缘构件在内，将网壳与下部结构作为整体结构进行协调分析计算。

4. 挠度限值

根据多年研究人员的调查研究，《网壳结构技术规程》JGJ 61—2003 中规定网壳结构的最大挠度计算值不应超过短向跨度的 1/400。悬挑网壳的最大挠度计算值不应超过悬挑长度的 1/200。当有实践经验或有特殊要求时，网壳挠度限值可根据不影响正常使用和视觉观感的原则进行适当调整。

5. 杆件设计

网壳杆件可采用普通型钢和薄壁型钢。选取和确定网壳杆件截面时，管材宜采用高频焊管或无缝钢管，有条件时应采用薄壁钢管不宜小于 $\phi48\times3$，普通角钢不宜小于 L50×3。根据国外经验及我国钢材生产的实际情况，网壳杆件也可采用方钢管、槽钢、工字钢和宽翼缘 H 型钢。

双层网壳杆件的计算长度可完全按网架杆件的计算长度采用。单层网壳的计算长度，根据杆件弯曲方向在壳面内外和节点形式在节点中心间的杆件几何长度上乘系数得到。如表 3.2 所示。

对于双层网壳，受压杆件和压弯杆件的容许长细比为 180；承受静力荷载的受拉杆件和拉弯杆件的容许长细比为 300；直接承受动力荷载的受拉杆件和拉弯杆件的容许长细比为 250；单层网壳中，受压杆件和压弯杆件的容许长细比为 150；承受静力荷载的受拉杆件和拉弯杆件的容许长细比为 300；直接承受动力荷载的受拉杆件和拉弯杆件不宜采用。

单层网壳的计算长度 表 3.2

弯曲方向	节点形式	
	焊接空心球节点	板节点和毂节点
壳面内	0.91	1
壳面外	1.61	1.61

6. 网壳节点

根据我国的实践经验，大中跨度的双层网壳可采用焊接空心球节点，而中小跨度的双层网壳可采用螺栓球节点；中小跨度的单层网壳可采用焊接空心球节点，小跨度的单层网壳还可采用我国自主开发的嵌入式毂节点。

单层网壳的跨度增大后，节点的抗弯作用必须引起足够的关注。

焊接空心球节点在压弯（拉）共同作用下的承载力和设计计算方法值得深入研究。我国自主提出了焊接空心球节点在压弯共同作用或拉弯共同作用下承载力设计值 N_R 和弯矩

承载力设计值 M_R 可按下式计算：

$$N_R = \eta_N \left(0.30 + 0.57\frac{d}{D}\right)\pi t d f \tag{3-1}$$

$$M_R = \eta_M \left(0.30 + 0.57\frac{d}{D}\right)\pi d^2 f \tag{3-2}$$

式中　D——空心球的外径（mm）；

　　　d——圆钢管的外径（mm）；

　　　t——空心球壁厚（mm）；

　　　f——钢材的抗拉强度设计值（N/mm²）；

　　　η_N——按轴力承载力设计时由于弯矩对轴力的影响系数，与 M、N、d 有关；

　　　η_M——按弯矩承载力设计时由于轴力对弯矩的影响系数，与 M、N、d 有关。

　　　M——焊接球所受的弯矩；

　　　N——焊接球所受的轴力。

第四节　网壳结构的基本理论和分析方法

1. 网壳结构的荷载和作用

网壳结构的荷载和作用与网架结构基本相同。从类型上看，网壳结构的荷载分为静荷载和动荷载两类。

静荷载包括恒荷载和可变荷载。恒荷载有结构和屋面材料自重、屋面悬挂荷载（吊顶、灯具、马道等）；可变荷载包括屋面施工荷载、积灰荷载、雪荷载、吊车荷载以及风荷载中的平均风效应部分。

网壳结构的动荷载通常有地震作用以及风荷载中脉动风成分。

另外，网壳结构分析还应根据具体情况考虑温度变化、支座沉降等作用的效应。

风荷载时网壳结构设计的重要荷载之一。风荷载的重要性首先体现在网壳结构的形体通常比较复杂，导致壳面风压分布的不规则性。对于周边环境影响不大的单个球面网壳、圆柱面网壳和双曲抛物面网壳的风荷载体型系数，可以按照现行国家标准《建筑结构荷载规范》取值；但是对于多个连接的球面网壳、圆柱面网壳和双曲抛物面网壳，以及各种复杂形体的网壳结构，应根据模型风洞试验确定风荷载体型系数。其次，近些年的研究表明：网壳结构由于风荷载脉动风分量所引起的风振效应不可忽视，而且风振效应要比高层结构复杂，主要体现在网壳结构往往具有自振频率密集性的特点，高阶振型的贡献以及振型间的耦合效应不可忽视。网壳结构风振分析一般可采用基于随机振动理论的频域方法进行。

对于地震作用，网壳结构与网架结构的最大区别是网壳结构的水平地震效应应该充分重视。比如在设防烈度为 7 度的地区，网壳结构可以不进行竖向抗震计算，但是必须进行水平抗震计算；在设防烈度为 8 度、9 度的地区，必须进行网壳结构的水平与竖向抗震计算。

此外，网壳结构由于高次超静定性以及一般和下部结构共同作用，其对温度变化比较敏感，因此温差效应也是网壳结构分析设计中应该引起重视的内容。同时，支座沉降对结构内力分布的影响也不可忽视。

根据设计准则的不同，网壳结构的设计一般分别为非抗震设计和抗震设计。对于非抗震设计，荷载效应组合应按现行国家标准《建筑结构荷载规范》进行计算。在杆件截面及节点设计中，应按照荷载效应的基本组合确定内力设计值；在位移计算中应按照短期效应组合确定其挠度。对于抗震设计，荷载效应组合应按现行国家标准《建筑抗震设计规范》确定内力设计值。

2. 网壳结构分析的计算方法

网壳结构的分析方法通常可分为两类：一类是基于连续化假定的分析方法；一类为基于离散化假定的分析方法。

网壳结构的连续化分析方法主要指拟壳法，这种方法的基本思想是通过刚度等代将其比拟成为光面实体壳，然后按照弹性薄壳理论对等代后的光面实体壳进行结构分析求得壳体位移和应力的解析解，最终根据壳体的内力折算出网壳杆件的内力。

网壳结构的离散化分析方法通常指有限元法，这种方法首先将结构离散成各个单元，在单元基础上建立单元节点力和节点位移之间关系的基本方程式以及相应的单元刚度矩阵，然后利用节点平衡条件和位移协调条件建立整体结构节点荷载和节点位移关系的基本方程式及其相应的总体刚度矩阵，通过引入边界约束条件修正总体刚度矩阵后求解出节点位移，再由节点位移计算出构件内力。

第五节　网壳结构的稳定性

网壳结构属于一种曲面形网格结构，兼有杆系结构构造简单和薄壳结构受力合理的特点，因而是一类跨越能力大、刚度好、材料省、杆件单一、制作方便、有广阔应用和发展前景的大跨度空间结构。

由于网壳结构是以"薄膜"作用为主要受力特征，即大部分荷载由网壳杆件的轴向力形式传递，因此存在结构的稳定问题。

1. 网壳结构的失稳机理

网壳结构的稳定性问题非常复杂。由于导致网壳结构失稳的因素很多，而这些因素又是互相影响的，因此，并非所有的曲面结构一定会发生失稳现象，导致失稳一定有其前提，即使像单层网壳这样的结构其破坏形态也并非都是失稳，所以首先应该明确网壳结构的失稳机理。

（1）网壳结构发生失稳是由于薄膜应力引起的，当薄膜应力产生的应变能积累到一定程度时便发生了失稳。即引起网壳结构失稳的根本原因在于薄膜力。

（2）只有在一定的荷载形式、几何形状和边界条件下，如果弯曲刚度很小或者弯曲刚度退化时，网壳结构才处于薄膜应力状态，失稳或几何软化才是网壳结构的主要破坏形式。

（3）某些网壳结构的承载方式以弯曲为主，这时就不存在稳定问题，只能是强度破坏。

2. 网壳结构的失稳特点

（1）对于理想状态的网壳结构，杆件中弯曲应力与正应力相比极其微小，结构基本上处于薄膜应力状态，因此，失稳前几乎没有横向几何变形和失稳征兆。当发生失稳时，结构的局部或整体才发生横向几何大变形。

（2）结构的失稳过程也是从临界状态向稳定状态变换的过程，这一变换过程是系统从高位能状态以某种形式释放能量而达到一个低位能状态的过程；同时结构从以薄膜力为主的状态通过横向变形转换到以弯曲力为主的状态，及薄膜应变能转换为弯曲应变能，从而达到新的稳定平衡。因此，失稳时伴随着能量的释放和转换。

3. 失稳模态的概念

网壳结构失稳后因产生大变形而形成的新的几何形状称为失稳模态。

（1）失稳模态的影响因素：网壳类型、几何形状、荷载条件、边界条件、节点刚度等。

（2）常见的失稳模态的分类方法：杆件失稳、点失稳、条状失稳、整体失稳。如图3.20 所示。

其中杆件失稳、点失稳属于局部失稳，条状失稳、整体失稳属于整体失稳。

① 杆件失稳：是指网壳中只有单根杆件发生屈曲而结构的其余部分不受任何影响，这是网壳结构中常见的失稳形式。

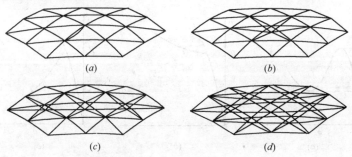

图 3.20　失稳模态

（a）杆件失稳；（b）点失稳；（c）条状失稳；（d）整体失稳

② 点失稳：是指网壳中的一个节点出现很大的几何变位、偏离平衡位置的失稳现象。集中荷载作用下的网壳或者网壳中局部曲率很小的区域都容易发生局部失稳。

③ 条状失稳：网壳结构中，某一点发生点失稳后，就有可能沿着刚度薄弱的方向形成一条失稳带，该失稳带上的节点出现很大的几何变位，从而构成所谓的条状失稳。如：柱面网壳中沿一条母线的所有节点及相连的杆件出现失稳；球面网壳中一圈环向节点及相应的杆件出现失稳。

④ 整体失稳：是指网壳结构的大部分发生很大的几何变位、偏离平衡位置的失稳现象。整体失稳前结构主要处于薄膜应力状态，失稳后整个结构由原来处于平衡状态的弹性变形转变为极大的几何变位，同时由薄膜应力转变为弯曲应力状态。并且网壳结构的整体失稳往往是从某个节点或某根杆件的局部失稳开始的。

4. 导致网壳结构失稳的因素

（1）网壳结构的薄膜和弯曲刚度；

（2）网壳结构拓扑形式和周面的曲率；

（3）结构所用的材料特性；

（4）结构的初始缺陷；

（5）结构的支承条件；

（6）网壳结构的节点刚度；

（7）荷载及荷载类型。

5. 网壳结构的屈曲类型

因为荷载-位移曲线可以表示结构的承载力、稳定性以至于刚度的整个变化历程，所以网壳结构的稳定性可以从其荷载-位移曲线中得到。

理想网壳结构的荷载-位移曲线主要有两种类型，极限屈曲和分叉屈曲（分枝屈曲）。分叉屈曲又分为稳定的分叉屈曲和不稳定的分叉屈曲。

图 3.21 中实线表示稳定的平衡路径，虚线表示不稳定的平衡路径，p_c、p'_c 为临界荷载。临界点之前的平衡路径为"基本平衡路径"，基本平衡路径中的临界点 p_c 为上临界点。而越过临界点之后的平衡路径为"后屈曲路径"，后屈曲路径中的临界点 p'_c 称为下临界点。

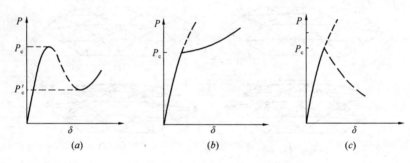

图 3.21　网壳的屈曲类型

（a）极限屈曲；（b）稳定的分叉屈曲；（c）不稳定的分叉屈曲

如果结构存在初始缺陷，那么临界荷载会有所降低。初始缺陷对结构临界荷载的影响程度，主要取决于结构对缺陷的敏感性。缺陷的敏感性可以从荷载-位移曲线来理解。

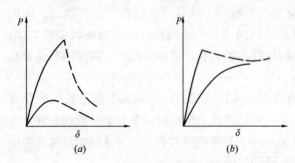

图 3.22　结构对缺陷的敏感性

（a）缺陷敏感性结构；（b）缺陷不敏感的结构

假设两个结构具有相同的临界荷载并赋予同样大小的初始缺陷，其荷载-位移曲线如图 3.22 所示，其中上面和下面的曲线分别表示理想结构和有缺陷结构的情形。可以看出，两个结构屈曲后的性能差异导致了缺陷结构具有完全不同的稳定性能：缺陷敏感性结构，临界荷载降低得多，缺陷不敏感的结构，临界荷载降低得少，甚至不存在屈曲问题；初始缺陷通常还使分叉问题转化为极限问题。

因此，网壳结构中的初始缺陷不一定是不利因素，当初始缺陷使网壳结构的分叉失稳转化为极限失稳时，对网壳结构的稳定性能是有利的。

思 考 题

1. 网壳结构有哪几种分类方法？
2. 按照网格划分方法，球面网壳可以划分为哪几类？其分别适用于什么情况的建筑？
3. 按照网格划分方法，柱面网壳可以划分为哪几类？其分别适用于什么情况的建筑？
4. 网壳结构的选型要考虑哪些因素？
5. 网壳结构的失稳机理和失稳特点是什么？
6. 网壳结构的失稳模态有哪些？
7. 网壳结构中的初始缺陷一定是不利的吗？初始缺陷对网壳结构的稳定性能有何影响？

第二章 组合网壳结构

第一节 组合网壳结构的概述

1. 组合网壳结构的概念

在单层网壳结构上敷设的预制带肋面板在连接灌缝形成整体后不仅起围护作用，而且还起承重作用，从而形成由钢网壳与混凝土带肋壳两种不同材料与不同结构形式组合而成的新型空间结构——组合网壳。由于组合网壳结构的协同工作，大大改善了单层钢网壳的性能，提高了网壳的承载力、刚度和稳定性。

2. 组合网壳结构的发展与应用

组合网壳结构是在 20 世纪 80 年代初发展起来的新型结构。在我国既应用于民用建筑，也用于工业厂房。在已建成的 10 余项工程中采用了这种结构，我国已建成的有代表性的组合网壳工程实例详见表 3.3。其中 1984 年建成的汾西矿务局工程处食堂采用的三向型双曲组合扁网壳示于图 3.23 中。

图 3.23 汾西矿务局工程处食堂

序号	工程名称	曲面形式	单双层	网格形式	平面尺寸 (m)	矢高 (m)	用钢指标 (kg/m²)	建成年份
1	汾阳网架公司铸造车间	双曲扁壳	单	三向网格	3 波 18×18	3	13.8	1984
2	汾西矿务局工程处食堂	双曲扁壳	单	三向网格	18×24	3.5	11.5	1984
3	益阳法院公判大厅	四块组合型扭扁壳	局部双	单向斜杆正交正放	18×24	3	14.5	1985
4	山西潞安矿务局常村矿井洗煤厂煤仓	球面网壳	单	肋环型	4 个 D34.1	5	—	1994
5	枣庄矿务局柴里选煤厂原煤仓	球面网壳	单	葵花型三型网格	D30	—	—	—

我国有代表性组合网壳工程实例　　　　　　　　　　表 3.3

3. 组合网壳结构的特点和优点

（1）采用钢筋混凝土平板或带肋平板与钢网壳连接形成整体后，便成为一种钢结构与钢筋混凝土结构共同工作的组合结构。

（2）从组成组合网壳的基本单元体系来看，当为组合双层网壳时，组合网壳是一种板系、梁系与杆系共同受力的组合结构。

（3）组合网壳可使结构的承重功能与围护功能合二为一，因此当组合网壳作为屋盖结构用时，就不需另外设置屋面板。

（4）组合网壳的刚度大，与同等跨度的单层钢网壳相比，其竖向和水平刚度都可有成倍地增加。

（5）组合网壳的稳定性好，通常情况下，使用状态时组合网壳的设计不是由单层钢网壳的稳定性控制。但在安装状态时，屋面板与钢网壳尚未连成整体共同工作，屋面板仅作为单层钢网壳的外荷载，此时要验算单层钢网壳的稳定性。若稳定性不足则应采取相应措施，如增加临时支撑。山西潞安矿务局常村矿井洗煤厂倒圆锥台煤仓组合网壳屋盖，见图3.24，在施工拼装第三幢组合网壳时，因疏忽未设置中心临时支撑，曾发生单层钢网壳翻面失稳事故，见图3.25。

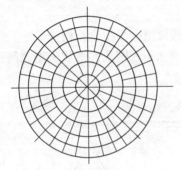

图 3.24　潞安矿务局常村　　　　图 3.25　潞安矿务局常村矿井洗煤厂煤仓组合
矿井洗煤厂煤仓　　　　　　　　网壳施工拼装时层翻面失稳

（6）从施工拼装角度来看，组合网壳与现浇钢筋混凝土薄壳结构相比，不需要采用大量模板；与装配式钢筋混凝土薄壳结构相比，一般不需要采用大量支撑。

4. 组合网壳结构的不足

（1）节点构造比较复杂，给施工拼装带来不便。

（2）加工单位要配备钢结构与钢筋混凝土结构两套工种。

（3）结构自重相对较大。

随着屋面结构大量采用轻型屋面板后，自20世纪90年代后期，组合网壳在我国的应用有相对减少的趋势。但是作为一种新型空间结构，在适当的场合，还是有它的应用前景的。

第二节　组合网壳的形式与分类

1. 分类

组合网壳是从相应的钢网壳发展而来，对于某种形式钢网壳便可形成某种形式组合网壳。因此，便可采用网壳的分类方法进行组合网壳的分类。

（1）按曲面的曲率半径来分，有正高斯曲率组合网壳、零高斯曲率组合网壳和负高斯曲率组合网壳。

（2）按曲面的外形来分，有球面组合网壳、双曲组合扁网壳、圆柱面组合网壳、双曲抛物面组合网壳（包括鞍形组合网壳、单块组合网壳、四块组合型组合扭网壳）等。

（3）按网壳的层数来分，有单层组合网壳、双层组合网壳和局部双层组合网壳。

2. 组合网壳钢筋混凝土预制小板的基本形式

组合网壳的钢筋混凝土预制小板，一般由相应网壳的网格形式来确定。通常情况下有四种基本形式，如图 3.26 所示。

① 等腰三角形及等腰梯形板：适用于肋环型、肋环斜杆型球面组合网壳的一般部位及球顶部位；等腰三角板还适用于葵花形三向网格型球面组合网壳和联方网格型、三向网格型圆柱面组合网壳。

② 方形及矩形板：适用于纵横斜杆型、纵横交叉斜杆型及米字网格型圆柱面组合网壳。

③ 等腰直角三角形及直角三角形板：适用于单块及四块组合型组合扭网壳。

④ 一般等边三角形及三角形板：适用于其他各类规则和不规则曲面形状的组合网壳。

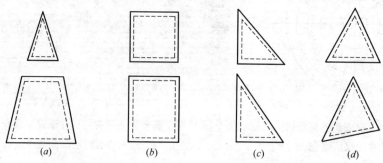

图 3.26　组合网壳的钢筋混凝土预制小板的基本形式

第三节　组合网壳的计算方法

1. 组合网壳的受力状态

组合网壳中的钢网壳受力状态与一般单层钢网壳受力状态基本相同。作用在组合网壳预制板上的面荷载是通过预制板及其肋的弯矩、扭矩、横向力以及轴力、平面内力传至预制小板与钢网壳的连接节点及单层钢网壳上的，可见预制板及其肋会产生局部弯曲变形和平面变形。

总体来说，预制板可看成组合网壳的组成部分，在外荷载作用下与单层钢网壳协同工作，因而预制板及其肋中要产生整体工作的弯曲内力和平面内力，分析中尚应考虑预制板及其肋与钢网壳偏心矩的影响。

因此，组合网壳中的预制板的工作状态既有平面内力又有弯曲内力，而肋与单层钢网壳杆件的工作状态也是既有弯曲内力又有轴力。

2. 组合网壳的分析方法

（1）有限元法：采用梁元、板壳元组合结构有限元法来分析。将组合网壳的预制板离散成板元，肋离散成梁元，单层钢网壳离散成梁元。梁元能承受轴力、弯矩、扭矩，板元能承受平面内力和弯曲内力。然后，按组合结构有限元法建立刚度矩阵，编制专用程序或采用通用程序，利用电子计算机进行内力位移计算。

（2）拟壳法（拟三层壳分析法）：把组合网壳的单层钢网壳作为拟壳的下层壳，把预制板的肋和平板分别作为拟壳的中层壳和上层壳，使这种复杂的组合网壳连续化为一种构造上的拟三层壳，由微分方程来描述其受力状态，采用解析法或有效的近似方法求解，进而计算组合网壳的内力和位移。

第四节　组合网壳的节点构造

要使组合网壳能够协同工作，关键在于单层钢网壳与预制钢筋混凝土板间的连接构造。组合网壳是在单层钢网壳节点上搁置预制板，要求该节点的平面内外都是刚接的，以便传递轴力、剪力、弯矩等各种内力。

根据我国的工程实践经验，组合网壳的节点构造主要有下列几种：

（1）焊接空心鼓节点：这是由焊接空心球节点切去上下球缺发展而来的，适用于圆钢管的组合网壳。鼓板上便于搁置预制钢筋混凝土带肋板，其节点构造如图3.27所示。板角底部预埋板应与鼓板焊接牢靠，以便传递内力。鼓板上可焊接U形短钢筋，埋入后灌注细石混凝土，灌缝中宜配置通长钢筋。根据需要，钢筋混凝土板可采用配筋后浇细石混凝土面层。山西汾阳网架公司铸造车间组合网壳采用了这种焊接空心鼓节点。

（2）焊接空心半鼓半球节点：它与焊接空心鼓节点不同的只是切去了上球缺，也适用于圆钢管的组合网壳，其节点构造可参照焊接空心鼓节点，只要把鼓节点换成半鼓半球节点即可。湖南益阳法院公判大厅组合网壳采用的是这种焊接空心半鼓半球节点。

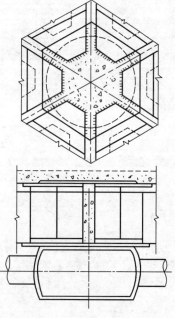

图 3.27　焊接空心鼓节点

（3）焊接十字板节点：该节点来源于钢网架的十字板节点，主要适用于角钢组合网壳。十字板节点的截面要加工成楔形，以匹配双曲的组合

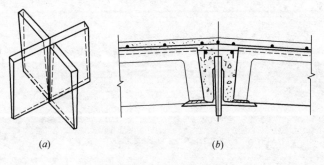

(a)　　　　　　　　　　　(b)

图 3.28　焊接十字板节点

球面网壳，如图 3.28（a）所示。角钢肢可制作为向上的（向下也是可行的），如图 3.28
（b）所示。在角钢的侧向肢上可搁置钢筋混凝土预制带肋板，板角底部的预埋板应与角钢
肢焊接牢固。板缝中宜配置两根通长钢筋，与板中伸出的胡须筋连接，然后在板缝中灌注
细石混凝土。通常在钢筋混凝土板上也采用配筋后浇细石混凝土面层。山西潞安矿务局常
村矿井洗煤厂煤仓肋环型组合球面网壳采用了这种十字板节点。

思 考 题

1. 组合网壳结构是怎么形成的？有什么不足？
2. 组合网壳结构的受力状态与单层网壳结构有何不同？
3. 组合网壳结构的节点设计应该满足什么要求？

第三章 空腹网壳结构

第一节 空腹网壳结构的概述

1. 空腹网壳结构的概念

根据空间结构的基本原理,将网架结构的平面变为受力更为合理的曲面,即在空腹结构的基础上加入壳的概念,便形成了空腹网壳结构。也可以认为在网壳结构的基础上加入空腹的概念,形成空腹网壳结构。如图 3.29 及图 3.30 所示。

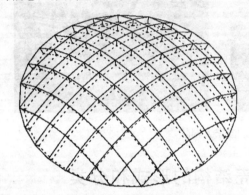
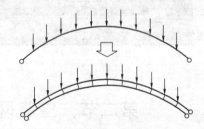

图 3.29 空腹网壳模型   图 3.30 空腹拱模型

2. 空腹网壳结构的发展和应用状况

对于空腹网壳结构的研究及工程应用都不多,具有类似思想的也只有少数几个。

图 3.31 所示 1990 年建成的日本秋田天空穹顶,是由一个张拉膜屋面和钢管结构骨架构成,一个方向为空腹拱,另一个方向为单层拱,节点采用铸造节点,所有节点刚接。该结构最大跨度 122m,宽 101m,壳体所在的面为一半径为 130m 球面。

我国标志性建筑国家大剧院是一个超级椭球体,如图 3.32 所示。网壳结构由 148 榀空腹桁架构成径向主肋,53 榀桁架构成纬向环;该网壳长为 212.24m,宽为 143.64m,高为 43.35m,厚约 3m,钢结构总重量 6500t。

3. 空腹网壳结构的特点

空腹网壳结构是在单层网壳结构和双层网壳结构之间找到受力性能和建筑效果的平衡点。单层网壳虽然结构简单、形式美观,但是稳定性问题突出,并且材料的强度不能充分发挥。双层网壳结构虽然受力性能较好,但杆件繁多,影响建筑效果。空腹网壳结构既可以达到单层网壳结构杆件清晰的效果,又可以改善单层网壳结构的稳定问题。

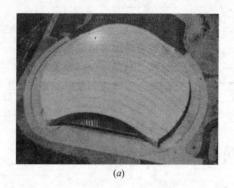
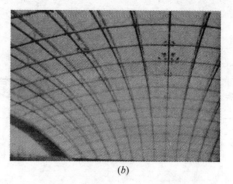

(a)　　　　　　　　　　　　　　　　(b)

图 3.31　日本秋田天空穹顶

(a) 外景；(b) 内景

图 3.32　国家大剧院

第二节　空腹网壳结构的形式和分类

1. 形式

空腹网壳结构是根据格构式压杆的工作原理，将单层网壳的杆件用格构式压杆代替得到的一种新型网壳结构，它也可以看做是将传统的空腹网架变形使之形成一个曲面得到的网壳。从空腹网壳结构的剖面图可以清楚地看到，空腹拱是组成该结构的单元，两两正交的空腹拱互相支撑，有效地防止了拱的侧向失稳。

2. 分类

空腹网壳结构是在单层网壳基础上发展起来的，根据网壳结构的形状可以分为柱面空腹网壳、球面空腹网壳等几种。

（1）柱面空腹网壳：柱面空腹网壳再根据杆件的布置状况又可以分为几种，没有布置斜杆的柱面空腹网壳造型美观，但平面外刚度较差，要求四边支承；布置斜杆的柱面空腹网壳根据斜杆布置形式不同可以派生出单斜杆柱面空腹网壳、弗普尔型柱面空腹网壳、巨型支承型空腹网壳等，如图 3.33 所示。

（2）球面空腹网壳：球面空腹网壳采用正交空腹形式、三向空腹形式、凯威特型空腹形式、带抗剪板空腹形式等，见图 3.34。

① 正交球面空腹网壳杆件少、分布规则，建筑效果美观，但受力性能较其他几种差。

② 三向球面空腹网壳和凯威特型球面空腹网壳（图 3.34c）具有良好的整体性，其受

力特性表现为双层普通网壳，能显著提高网壳的稳定性和极限承载力。

③ 带抗剪板球面空腹网壳是一种受力更为合理的结构，由于抗剪板的作用改善了上述空腹网壳结构厚度方向抗剪刚度的不足，刚度大，极限承载力高，适合于大跨度或超大跨度的结构。

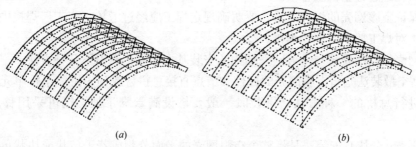

(*a*)　　　　　　　　　　　　　　(*b*)

图 3.33　柱面空腹网壳

(*a*) 无斜杆柱面空腹网壳；(*b*) 巨型支承型空腹网壳

（3）其他曲面类型空腹网壳：有双曲面空腹网壳、椭球面空腹网壳等。

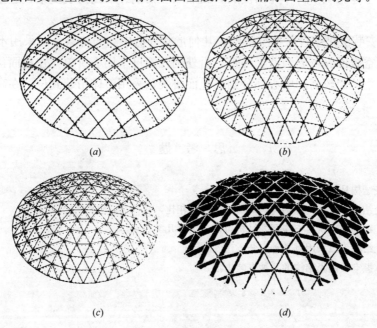

(*a*)　　　　　　　　　　　　　　(*b*)

(*c*)　　　　　　　　　　　　　　(*d*)

图 3.34　球面空腹网壳

(*a*) 正交球面空腹网壳；(*b*) 三向球面空腹网壳；(*c*) 凯威特型球面空腹网壳；

(*d*) 带抗剪板球面空腹网壳

一般来说，单层网壳结构通过杆件替代都可变成空腹网壳结构，在这个思想指点下，可以创造出各种各样的空腹网壳结构。

第三节　空腹网壳结构的施工

空腹网壳结构的施工与一般网壳结构的施工基本相同。施工首先必须加强对材质的检验。经验表明：由于材质不清或采用可焊性差的合金钢材常常造成焊接质量差等隐患，甚至造成返工等工程事故。

空腹网壳结构制作时控制几何尺寸精度的要求比一般网壳结构更加严格，故所用钢尺必须统一，且经过计量检验合格。

为了保证空腹网壳的焊接质量，要明确规定焊工应经过考核。当工厂焊接中遇有全位置焊接时，对焊工要求同现场焊接。

空腹网壳结构的安装与一般网壳结构的安装基本相同，有以下几种方法：

(1) 高空散装法是指空腹网壳的杆件和节点直接总拼，或预先拼成小拼单元在高空的设计位置进行总拼的一种方法，拼装时一般要搭设满堂脚手架，也可采用移动或滑动支架。

(2) 分条（分块）安装法是将整个空腹网壳的平面分割成若干条状或块状单元，吊装就位后再在高空拼成整体。分条一般是在网壳的长向跨上分割。

(3) 滑移法是将空腹网壳条状单元进行水平滑移的一种方法。它比分条安装法具有网壳安装与室内土建施工平行作业的优点，因而缩短工期、节约拼装支架，起重设备也容易解决。

(4) 综合安装法是结合某些空腹网壳几何形状外低中高的特点分别采用不同的安装方法。如椭球面空腹网壳可分为若干环带，沿外围几圈可采用小拼单元在地面预制后，吊到空中拼装，而距地面较高的中心部分则在地面拼装，采用整体吊装到位，在高空与外圈连成整体。

思 考 题

1. 空腹网壳结构是怎么形成的？
2. 空腹网壳结构与单层网壳结构、双层网壳结构相比，有什么优点？
3. 根据网壳结构的形状，空腹网壳结构可以分为哪几类？
4. 空腹网壳结构可以采用哪几种安装方法？
5. 了解并掌握空腹网壳结构的几种安装方法。

第四章 斜拉网格结构

第一节 斜拉网格结构的概念和特点

1. 斜拉网格结构的概念

斜拉网格结构是斜拉桥技术及预应力技术综合应用到空间结构而形成的一种形式新颖的预应力大跨度空间结构体系。整个结构体系通常由屋面结构、伸高的桅杆或下置的塔柱、斜拉索等部分组成并协调工作，是一种杂交组合空间结构，如图 3.35 所示。

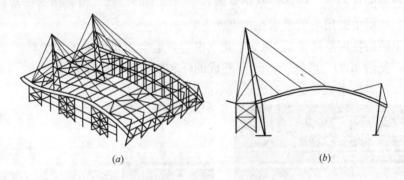

图 3.35 斜拉网格结构

(*a*) 透视图；(*b*) 剖面图

斜拉结构中的屋面结构一般为刚性或半刚性传统结构，如空间网架、网壳、平面桁架或梁系，由塔柱或桅杆顶部挂下斜拉索直接与刚性屋盖构件相连。预应力斜拉结构由于其良好的受力性能和经济性能，在房屋结构中的应用日益增多，广泛用于体育场馆、飞机库、展览馆、挑篷、仓库等工业与民用建筑。

2. 斜拉网格结构的发展和应用状况

国外早在 1958 年布鲁塞尔世界博览会苏联展馆就采用了由格构式桅杆、钢桁架和拉索组成的斜拉结构，其跨度达到 150m×72m。后来，美国肯尼迪机场跨度 161m×129m，椭圆形的泛美航空公司候机楼也采用了斜拉结构。19 世纪 80 年代，随着大型场馆的大批量兴建，大量的斜拉网格结构被建造。如美国环球航空公司费城飞机库斜拉屋盖、英国伯明翰的国家展览中心、意大利西亚花卉市场等。2003 年建成的美国芝加哥大学体育中心是斜拉网格结构的代表作品之一，见图 3.36。它包括 49m×41m 的体育馆、61m×41m 的游泳馆以及一些配套建筑。

图 3.37 所示法国卡巴里奥收费站，站长 152m，最宽处 32m，4 个锥形支撑桅杆吊起屋顶结构，如同大海波浪悬挂在半空中。夜晚在灯光照射下像一艘将要靠岸的航空母舰。正是因为不同寻常的设计，该工程在1999年获得了由国际织物工业协会组织的国际成就

图 3.36　美国芝加哥大学体育中心　　　　　　　　图 3.37　法国卡巴里奥收费站

奖项中的设计大奖。

　　图 3.38 所示 1992 年建成的塞维利亚阿拉米桥，倾斜成 58°，耸立着的桥塔高为 162 米，萌生于展翅的鸟形象。桥塔的结构是填充了混凝土的钢筒。由于桥塔的重量足以平衡桥面，一般斜拉桥中常用的后牵索在这里就不需要了。

　　我国最早的斜拉网格结构是 1990 年北京市为亚运会而设计的国家奥林匹克体育中心综合体育馆，见图 3.39。后来，1991 年建成的呼和浩特民航机库斜拉屋盖，1992 年建成的无锡市游泳馆斜拉屋盖等是我国出现较早的斜拉网格结构。

图 3.38　塞维利亚阿拉米桥　　　　　　　图 3.39　北京奥林匹克体育中心游泳馆

　　结合工程经验，我国的一些大学与科研设计机构从 20 世纪 90 年代初到现在已经对预应力斜拉网格结构进行了多方面的研究，并取得了不少成果。浙江大学、同济大学、华南理工大学、东南大学以及北京市建筑设计研究院、冶金部建筑研究总院等单位先后对此类机构展开理论与试验研究，丰富了研究成果，也建设了一批技术更先进的斜拉网格结构。其中，浙江黄龙体育中心体育场是我国目前跨度最大的斜拉网格结构，两塔柱间的距离达到 250m，其外形见图 1.40。

　　山西太旧高速公路收费站采用了悬挂式的斜拉网格结构，如图 3.40 所示。深圳市游泳馆和跳水馆采用纵横向立体桁架网格体系，4 根格构式桅杆和 16 根斜拉钢棒组合而成，如图 3.41 所示。这些大跨度斜拉网格结构的应用标志着我国斜拉网格结构工程有了很大的发展，技术水平有了迅猛的提高。

　　目前我国的斜拉网格结构工程约有几十座，其中跨度最大的是浙江黄龙体育中心体育场。

图 3.40　山西太旧高速公路收费站

图 3.41　深圳市游泳馆和跳水馆

3. 斜拉网格结构的特点

（1）斜拉索为空间刚性结构提供一系列中间弹性支承，改变结构的受力分布，可使结构不需要增大结构高度和构件截面即能跨越很大的跨度。

（2）斜拉索分担的部分荷载直接由桅杆传至基础，传力路径简洁，结构受力合理。

（3）对承载能力已相对较高的刚性结构施加预应力，更能充分发挥高强钢材的强度，使不同性质的材料与结构相互优化结合，扬长避短。

（4）通过张拉斜拉索施加预应力，更能够主动调整结构的内力和变形，能够部分抵消外荷载作用下的内力和挠度，从而使得斜拉结构具有更好的结构性能和经济性能。

（5）相对于悬索结构等其他预应力索结构，斜拉结构体系中斜拉索的制作安装以及预应力的施加都比较简便。

（6）斜拉结构中的桅杆立柱以及斜拉索、锚固等都会增加费用，因此，只有在中大跨度的空间结构中才具有较好的经济性能。

第二节　斜拉网格结构的形式和分类

1. 组成

斜拉网格结构由网格结构、塔柱和拉索三部分组成。网格结构是网架和网壳的总称，因此斜拉网格结构可分为斜拉网架和斜拉网壳。斜拉网架结构是斜拉索和平面网架结构的结合，斜拉网壳结构是斜拉索和网壳结构的结合。

2. 分类

（1）斜拉网格结构的塔柱通常独立于网格主体结构，根据塔柱与网格主体结构的位置可分为内柱式、边柱式和混合式。

内柱式指塔柱位于网格覆盖范围内，图 3.42 所示新加坡港务局 A 型仓库和图 3.43 所示浙江大学体育场司令台采用的便是内柱式；边柱式指塔柱位于网格覆盖范围的边缘或外部，图 3.44 所示北京亚运会综合体育馆和图 1.40 所示浙江黄龙体育中心体育场采用的便是边柱式；混合式指既有位于网格覆盖范围之内的塔柱，又有网格覆盖范围的边缘或外部的塔柱。

（2）按斜拉网格结构中斜拉索的布置方式不同，可分为单层布索、双层布索和多层布索。

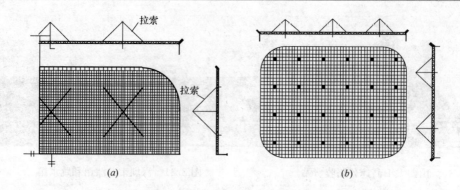

图 3.42　新加坡港务局 A 型仓库斜拉网架

(a) 平面图局部；(b) 平面图

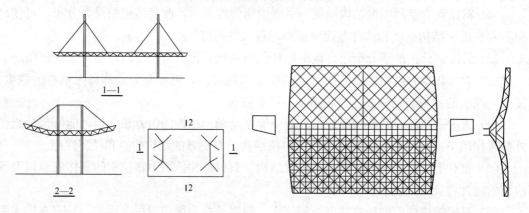

图 3.43　浙江大学体育场司令台结构示意图　　图 3.44　北京亚运会综合体育馆结构示意图

　　单层布索有辐射式（图 3.45a）；双层或多层布索有竖琴式（图 3.45b）、扇形式（图 3.45c）、星形式（图 3.45d）和变异形式布索（图 3.45e、f）。

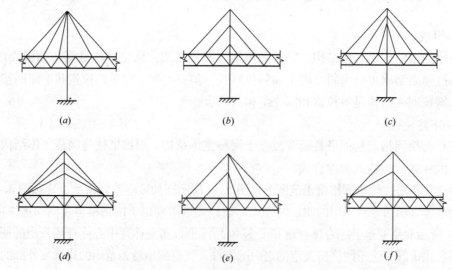

图 3.45　斜拉索竖向布置示意图

(a) 辐射式布索；(b) 竖琴式布索；(c) 扇形布索；(d) 星形布索；(e) 变异布索方案之一；(f) 变异布索方案之二

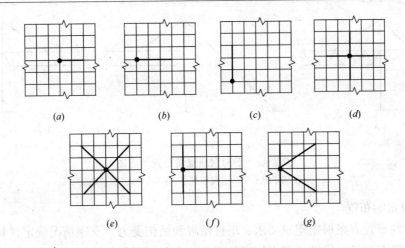

图 3.46 斜拉索平面投影

(*a*)、(*b*) 一字形；(*c*) 直角形；(*d*) 十字形；(*e*) 米字形；(*f*) "T" 字形；(*g*) "K" 字形

（3）斜拉索在水平面投影上的布置可以是一字形（图 3.46*a*、*b*）、直角形（图 3.46*c*）、十字形（图 3.46*d*）、米字形（图 3.46*e*）、T 字形（图 3.46*f*）和 K 字形（图 3.46*g*）。

（4）根据斜拉网格结构建筑物的封闭情况，可分为封闭式（图 3.44）、敞开式（图 3.40）和半敞开式（图 1.40）。对于敞开式和半敞开式的斜拉网格结构，风吸力和向上的风荷载对结构的影响较大，必要时需要设置稳定索，以平衡风荷载。

第三节 斜拉网格结构的选型

斜拉网格结构主要根据使用要求、建筑要求、支承形式、荷载大小进行选型，同时还应考虑屋面构造和维护材料、拉索的安装和拉索预应力的张拉等施工能力和条件。其中，塔柱的容许布置位置往往直接影响选型；造价、用钢量和拉索张拉也是选型的主要指标。

1. 斜拉网格结构的塔柱选型

从受力合理性和斜拉索的有效利用角度来讲，内柱式、混合式优于边柱式，多塔柱支承体系的受力性能优于单塔柱或少塔柱支承体系。

（1）内柱式

可使斜拉索在塔柱四周多方位布置，还可使斜拉索作用在塔柱上的张力水平分量自行平衡。这样既充分发挥空间受力作用，又减少塔柱弯曲内力。

为便于拉索布置和塔柱上的索力平衡，减少结构杆件内力、挠度，网格结构周边宜有适当悬挑，可取跨度的 1/4～1/3。

拉索可沿塔柱周围按辐射式、竖琴式、扇形和星形等几种基本形式单向、双向或多向布置，也可采用这几种基本形式的变异形式。

（2）边柱式

采用在塔柱与网格结构间的一侧布索。这样塔柱柱底弯矩较大，必须在塔柱的另一侧设置可靠的平衡索或锚索，如图 3.47 所示。

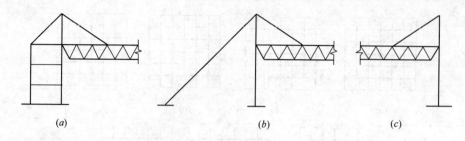

图 3.47　平衡索或锚索布置示意图

(a) 平衡索示意；(b) 锚索示意之一；(c) 锚索示意之二

2. 斜拉索的布置

斜拉索的布置方案根据建筑要求、塔柱位置和结构受力、支座情况确定。具体布索时应使索的设置有利于网格结构跨中挠度的减少，有利于网格结构杆件内力的降低和分布均匀。一般不宜平面布索和单方向布索。

3. 斜拉索预张力的受力分析及构造要求

其竖向分力是有利的，可以部分抵消工作荷载，给网格结构提供弹性支承。

水平分力可能引起网格结构部分杆件的内力增加或变号，是一种不利影响。

因此，斜拉索倾角不宜太小，一般宜大于 25°，否则将导致弹性支承作用减弱、内力过大和连接节点构造上的困难。

为了保证斜拉索的水平夹角大于 25°，塔柱应有一定高度。但塔柱过高增大了斜拉索的长度，使索、塔柱造价比重增大。因此，在设计中应进行拉索倾角和塔柱高度的多方案比较。

4. 斜拉网格结构的网格选型

如果平面形状为矩形且周边支承，则平面边长比对网格选型影响较大，而跨度大小的影响较小。

当平面形状为方形或接近方形，应优先选用斜放四角锥和棋盘形四角锥网格形式。

若平面为狭长形状（边长比 1.5～2.5），则正放类型网架略优于斜放类型网架。

斜放网壳一般采用斜拉双层或多层网壳（可含局部单层网壳）。

网壳曲面形状可选用柱面网壳、球面网壳、椭圆抛物面网壳（双曲扁网壳）。其中柱面网壳的曲线有圆弧形、椭圆线、悬链线或抛物线。

5. 斜拉体系的网格结构支座

可放置在柱顶、柱牛腿、柱间桁架上，也可放置在由柱或墙体支承的圈梁或连系梁上。由于柱、墙体的侧向刚度较小，分析时应注意处理相应的边界条件。

第四节　斜拉网格结构的计算方法

斜拉网格结构通常包括杆单元、梁单元和拉索单元三种。拉索是斜拉结构中重要的构件，起着改善结构的受力状态、调整内力分布和控制结构位移等重要作用。而索的理论较为复杂，对索进行一般理论的研究以利于准确分析结构的性态。索的计算方法有以下两种：
   1. 拉索的解析计算法
   2. 拉索的有限元分析法

第五节　斜拉网格结构的施工

斜拉网格结构中网格结构的施工与常规网架结构或网壳结构的施工方法基本相同，但是预应力拉索的施工是需要引起特别关注的。

多数斜拉网格结构中的拉索不止一根，因此预应力索张拉施工时，采用分组分批次张拉施工。但分组张拉存在这样一个问题：后张拉索时，前面张拉索的内力发生了变化，导致索的实际内力不是施工时的控制张拉力。

张力松弛法是一种计算拉索控制应力的有效方法，按照该方法计算出每根索的张拉控制应力，施工时只需按次序对每根拉索张拉到控制应力即可，待全部施工完毕后，各个索张力刚好达到设计预应力值。

张力松弛法的计算过程：

（1）将所有索均施加设计的初始预应力。

（2）将施工张拉的最后一批张拉索的初始预应力释放，计算得到施工张拉最后第二批索的控制应力。

（3）继续释放最后第二批张拉索的初始预应力，计算得到施工张拉最后第三批索的施工控制应力。

（4）依次类推。

（5）将第二批施工张拉的索的初始预应力释放，计算得到第一次施工张拉索的控制应力。

预应力索施工时，千斤顶的张拉速度宜均匀缓慢，锚具规格和型号等需满足设计要求，以减小索的预应力损失。

思　考　题

1. 什么是斜拉网格结构？斜拉网格结构有什么特点？
2. 从受力合理性和斜拉索的有效利用角度来看，斜拉网格结构的塔柱应该怎样选型？
3. 内柱式、混合式与边柱式相比，各有什么优缺点？
4. 斜拉索应该按照什么原则进行布置？为什么斜拉索的布置倾角宜大于 $25°$？
5. 斜拉网格结构中斜拉索的施工为什么要采用张力松弛法？请叙述张力松弛法的计算过程。

第四篇　索杆张力结构

第一章 索杆张力结构概述

第一节 索杆张力结构的定义和特点

1. 定义

索杆张力结构是由索和杆为基本构成单元、通过预应力提供结构刚度的一类空间结构体系。它由张力索和压杆组成，是具有预应力平衡体系的结构。索杆张力结构的定义是针对结构的组成单元和预应力体系而言的。

2. 特点

索杆张力结构的工作原理：索的伸缩和单元构件的运动将不断改变外形，由此产生和改变预应力的分布，使结构时刻处于结构自平衡状态，最后成为稳定的结构状态，并具有足够的刚度抵抗外荷载。它的工作状态可以分为施工成形态、预应力平衡态和荷载态。

索杆张力结构由于包含了大量的柔性索，因此具有索结构的一些特点；同时索与压杆组合在形体上有更多的变化，这样形成的穹顶又具有网壳的特点：

（1）全张力状态。由大量的张力索和受压桅杆构成的索杆张力结构是一种全张力体系，可以形象的描述为"受压桅杆处于海洋中的孤岛"。

（2）多机构位移模态。索杆张力结构内部存在一个或多个机构位移模态，在成形前，结构体系处于不稳定的状态，在成形后成为具有无穷小机构的几何稳定体系。

（3）自应力平衡体系。索杆张力结构是一种自应力平衡体系，通常存在一种或多种自应力模态，这些自应力模态决定了结构自平衡预应力分布。

（4）结构的刚度由预应力得以保证。索杆张力结构刚度在成形过程中随着预应力的产生而逐渐产生，预应力水平和分布情况与结构的拓扑形状密切相关。

（5）力学性能和形状与施工方法有关。索杆张力结构的最后形状、成形中各单元的受力情形与施工方法和过程有关。

（6）张力结构中预应力的获取：并不采用任何张拉的方式，而是通过单元内索元和杆内在的拉伸、压缩或改变节点的相对位置来实现。只有存在一个应力回路使应力不流失，预应力才能有效提供刚度。

第二节 索杆张力结构的形式和分类

根据定义，索杆张力结构主要分为张弦梁结构、张拉整体结构、索穹顶结构、环形张力索桁结构、弦支穹顶结构、空间索桁结构。

（1）张弦梁结构：20 世纪 80 年代，日本大学的 M. Saitoh 教授把张弦梁结构定义为"用撑杆连接抗弯受压构件和抗拉构件而形成的自平衡体系"。可见，张弦梁结构由三类基本构件组成，即可以承受弯矩和压力的上弦刚性构件（通常为梁、拱或桁架）、下弦的高强度拉索以及连接两者的撑杆。如图 4.1 所示。

图 4.1　张弦梁示意图

（2）张拉整体结构：是富勒（R. B. Fuller）的发明，它是"张拉"（tensile）和"整体"（integrity）的缩合。这一概念的产生来自于大自然的启发。富勒认为宇宙的运行是按照张拉整体的原理进行的，即万有引力是一个平衡的张力网，而各个星球是这个网中的一个个孤立点。按照这个思想，张拉整体结构可定义为一组不连续的受压构件与一套连续的受拉单元组成的自支承、自应力的空间网格结构。这种结构的刚度由受拉和受压单元之间的平衡预应力提供，在施加预应力之前，结构几乎没有刚度。由于张拉整体结构固有的符合自然规律的特点，最大限度地利用了材料和截面的特性，可以用尽量少的钢材建造超大跨度建筑。

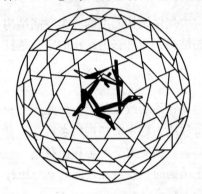

图 4.2　Fuller 构思的整体张拉结构

（3）索穹顶结构：是一种张力集成体系或全张力体系，如图 4.3 所示。虽然索穹顶结构在近十年来才在工程中实现，但是，它一经问世便成功地应用于一些大跨度、超大跨度的结构。由于其外形类似于一个穹顶，而主要的构件又是钢索，因此工程师将其命名为索穹顶。索穹顶结构以其新颖的造型、经济的造价、巧妙的构思在国内外引起了人们广泛的兴趣和注意。国外的一些著名学者、结构工程师纷纷对其展开了研究和试验，索穹顶体系的分析、设计和施工一度成为先进建筑技术的标志。

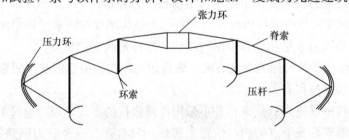

图 4.3　索穹顶结构组成

（4）弦支穹顶结构：弦支穹顶是由日本法政大学川口卫教授将索穹顶等张拉整体结构的思路应用于单层球面网壳而形成的一种新型杂交空间结构体系。它是根据索穹顶和单层球面网壳两种结构的不同特点，较好地把两者优点结合在一起。如图 4.4 所示，单层球面网壳由于整体稳定性较差而使其应用和发展受到极大的限制，同时单层球面网壳对下部结构存在较大的水平推力，往往需要在其周边设置受拉环梁；索穹顶等完全柔性结构需要对拉索施加较大的预应力才能使结构成形，同时在穹顶周边要设置强大的受压环梁以平衡拉索预应力。通过杂交得到的弦支穹顶结构一方面改善了单层球面网壳结构的稳定性，使结构能够跨越更大的空间，另一方面新结构体系具有一定的刚度，使其设计、施工及节点构造与索穹顶等完全柔性结构相比得到较大的简化。同时，单层网壳穹顶和弦支体系对下部结构的作用相互抵消，使弦支穹顶对下部结构的依赖程度大大降低。

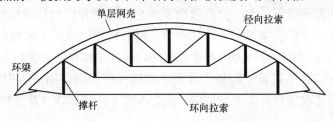

图 4.4　弦支穹顶结构体系

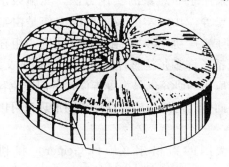

图 4.5　空间索桁结构

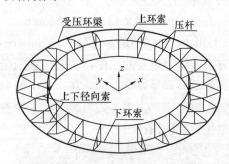

图 4.6　环形张力索桁结构

（5）空间索桁结构：一般由桁架系和索组成，如图 4.5 所示。具有重量轻、跨度大、构造轻盈、造型别致、施工方便、工期短、施工精度要求低等优点。大跨度的外环空腹索桁结构是一种特别适用于体育场的新型结构形式。目前，全世界采用大跨度环形空腹索桁结构已建成的建筑分别是：举办 1993 年德国斯图加特世界田径锦标赛的纳卡体育场、举办 1998 年联邦运动会的马来西亚吉隆坡室外体育场和 2002 年举办韩日世界杯的韩国釜山体育场。

（6）环形张力索桁结构：是伴随着人们对索杆张力结构跨越能力认识的深入而产生的，是用于大型大跨度建筑中的新型索杆张力结构。图 4.6 是一个典型的环形张力索桁结构。到目前为止，环形张力索桁结构的代表性工程有 1993 年建成的德国斯图加特纳卡体育场、1998 年建成的马来西亚吉隆坡室外体育场以及用于 2002 年韩日世界杯足球赛的韩国釜山体育场等。

第三节　索杆张力结构的发展与工程应用

索和杆可以组成极其高效、灵活的结构形式。20 世纪 20 年代，富勒（R. B. Fuller）认识到在结构中压力和张拉力能够组成一个有效的自平衡系统。1948 年，施奈尔森（K. Snelson）展示了索杆组成的张拉体系艺术品。在该作品的启发下，1962 年富勒（R. B. Fuller）提出了张拉整体体系全新的结构思想。富勒（R. B. Fuller）希望在这种结构中尽可能地减少受压状态，结构处于连续的张力状态，使压力成为张力海洋中的孤岛。

这种状态被认为是符合自然界的固有规律，能够最大限度利用结构材料特性，实现以尽量少的材料建造更大跨度的空间

对于索杆张力结构的研究，从最初的设想到工程实践大约经历了以下几个阶段：想象和几何学、拓扑和图形分析、力学分析及试验研究。力学分析包括：找形、自应力准则、工作机理和外力作用下的性能等。张力结构的几何形状同时依赖于构件的初始几何形状、关联结构及形成一定刚度的自应力的存在。另外，这种结构在外力作用下变形的同时也提出了其他结构问题。首先它属于临界类体系，结构在外荷载作用过程中刚度不断发生变化，传力路径也随之改变；其次这种结构只能在考虑了几何非线性甚至材料非线性时才能分析。

从 20 世纪 50 年代起，许多研究工作者都采用了靠想象的实用方法，如施奈尔森（K. Snelson）的雕塑及莫瑞挪（Moreno）的设想等。几何学上最重要的工作是由富勒（R. B. Fuller）和埃墨瑞赤（D. G. Emmerich）完成的。加拿大的结构拓扑研究小组在形态学方面做了最重要的工作，他们出版的杂志包括了许多张拉整体体系拓扑方面的文章，但是这些研究都是数学上的，在三维空间上工程应用的研究也只为警告设计者们避免容易出现的不稳定方案。大多数情况下，张拉整体多面体几何的构成特性使得图形理论可以用来模型化它们的拓扑。

图 4.7　首尔奥运会体操馆

美国的盖格尔（B. H. Geiger）和利维（M. Levy）进一步对富勒的思想进行了演变和发展，提出了索穹顶体系。盖格尔（B. H. Geiger）没有采用富勒（R. B. Fuller）所设计的三角形网格，它认为这种三角形网格增加了结构的赘余度，因而他重新构造了一种具有相同性能的结构。盖格尔的观点是用连续的张力索和不连续的受压桅杆构成结构。荷载从中央的张力环通过一系列辐射状的脊索、张力环和中间的斜索传递至周围的压力环。盖格尔的结构理念在工程中得到了应用，盖格尔（B. H. Geiger）事务所已经在世界各地设计建造了多座索穹顶结构。图 4.7 所示著名的首尔奥运会的体操馆、图 4.8 所示直径 210m 的美国 Stpeterburg 太阳海岸穹顶、图 4.9 所示日本 Amagi 体育馆都采用了索穹顶结构。

图 4.8　美国 Stpeterburg 太阳海岸穹顶

图 4.9　日本天城（Amagi）体育馆

由 Weidlinger Associates 公司的利维（M. Levy）和 T. F. Jing 设计的 Atlanta 体育馆是 1996 年奥运会比赛的主要场馆，示于图 4.10 中。采用双曲抛物形全张力穹顶结构，穹顶为 240.79m×192.02m 的椭圆形平面，由索网、三根环索、中间长 56.08m 的索桁架、斜索及桅杆组成，整个索穹顶结构只有设置在 78 根桅杆两端的 156 个节点，与盖格尔不同的是，脊索不再采用辐射状布置，而是采用联方型索网形式。

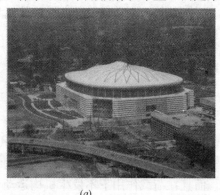 

(a) 　　　　　　　　　　　　　　　(b)

图 4.10　Atlanta 体育馆

(a) 场馆外景；(b) 场馆内景

继 Atlanta 体育馆之后，利维（M. Levy）和 T. F. Jing 又在台北棒球馆和墨西哥 10 万座体育场中设计了索穹顶结构。目前，除了盖格尔（B. H. Geiger）、利维（M. Levy）等之外，Valnay、Motro、Hanaor 的全张力网壳穹顶同样采用了富勒的张拉整体结构思想，分别见图 4.11～图 4.13。

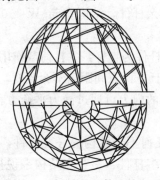

图 4.11　Valnay 整体张拉穹顶

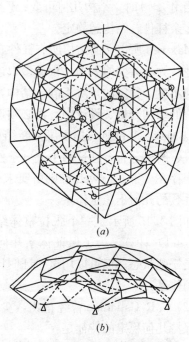

(a)

(b)

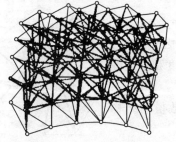

图 4.12　Motro 整体张拉穹顶　　　　图 4.13　Hanaor 整体张拉穹顶

图 4.14 工艺小品

近几年，H. Furuya、S. Pellengrio 等学者采用索杆组成的体系来研究和设计折叠式结构、展开结构，并进一步提出折叠式张拉整体结构。

另外，因其空间构造美观和兼具灵活性，一些公共场所的工艺小品也常常使用索杆张力结构。如图 4.14 所示的这个工艺小品建于纽约，采用张拉整体结构，尺寸为 $6.5\text{m} \times 6.5\text{m} \times 6.5\text{m}$。

第四节　索杆张力结构的体系分析

1. 受力状态

索杆张力结构中，随着单元构件的运动和索的收缩，使结构产生预应力，结构在预应力状态下保持平衡，最后成为稳定的结构状态，而且在荷载作用下不发生机构运动。

因此，对索杆张力结构的分析要经历初始态、成形态、荷载态三个阶段。不仅包括通常结构的内力计算，更重要的是体系的几何和拓扑分析。

2. 基于 Maxwell 准则的结构体系分类

(1) Maxwell 准则判定结构体系的几何不变性的必要条件：

通过铰接杆系结构的杆件数 b、节点数 j 及约束链杆数 c 之间的关系判定结构体系的几何不变性，即：

$$W = (3j - c) - b \tag{4-1}$$

当 $W > 0$ 时，结构几何可变；$W = 0$ 时，结构无多余杆件，结构静定；$W < 0$ 时，结构有多余杆件，结构超静定。

Maxwell 所定义的结构所有杆件有若干节点相连，杆件为直杆，并且荷载作用在节点上，他认为不改变体系内一根或多根连接杆件长度，则任意两点间距离不会改变，该体系为几何不变、稳定的。对于静定结构，结构中每根杆件的内力可通过静力平衡方程求得。在传统的结构分析、设计中，都必须遵守 Maxwell 准则。

但 Maxwell 准则只提供了判断结构是否可以成为几何不变结构的必要条件，至于杆件布置、约束分布合理这两个充分条件如何满足，对于多杆件、多节点结构来说很复杂。现实中存在少于 Maxwell 准则所要求杆件数的稳定体系，也存在多于 Maxwell 准则所要求杆件数的几何不稳定体系。

如图 4.15 所示是一个张拉整体结构，$j = 12$，$b = 24$。如果按式 (4-1) 计算，为了保证体系几何不变，还需 6 根杆件，否则应是松弛状态。但可以用试验证明该结构是具有刚度和稳定性的结构体系。

(2) C. R. Calladine 曾经指出，少于必要的杆件数量的结构仍能保持几何稳定的特征是：

① 结构可以发生无穷小机构运动；

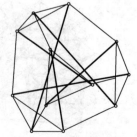

图 4.15 张拉整体结构

② 至少存在一个预应力模态，存在可刚化的自应力平衡体系。

观察图 4.15，该结构的确存在一个机构，存在可动自由度。但是，当杆件长度即将发生改变时，在节点上将产生不平衡力。该不平衡力能使节点具有恢复初始位置的趋势，使结构趋于硬化，这种结构产生一阶无穷小机构便具有了刚度，因此结构处于稳定状态。

图 4.16 所示的瞬变体系，当荷载作用时，机构发生运动，但随即结构产生刚化，并能抵抗外荷载，使结构处于稳定的平衡状态，显然，它是一阶无穷小机构。

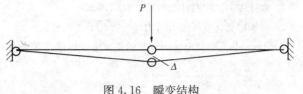

图 4.16　瞬变结构

（3）可以通过考察结构总刚度矩阵 $[K]$ 是否奇异来实现对结构几何可变性的判定：

$$W = det \left([K]\right) \tag{4-2}$$

① $W=0$ 时，矩阵奇异，结构几何可变；对角主元素出现零元素，与之对应的节点自由度发生几何可变。

② $W \neq 0$ 时，结构几何不变。

（4）通过平衡矩阵实现对结构几何可变性的判定：

1965 年 Timosheko 和 Young 提出了确定结构体系的两个重要参数 m 和 s。m 和 s 分别由结构平衡矩阵的秩 r 确定，即：

$$m = 3j - 6 - r \tag{4-3}$$

$$s = b - r \tag{4-4}$$

可写为：
$$b - 3j + 6 = s - m \tag{4-5}$$

其中：$m(\geqslant 0)$ 为独立位移模态或机构数，即结构自身存在的几何变位模式；

$s(\geqslant 0)$ 为独立自应力模态数，即结构自身存在的内力传递模式。

当 $m = 0$ 时结构动定（结构不存在几何变位模式）；

当 $m > 0$ 时，结构自身存在机构位移模式，存在可动趋势。

当 $s = 0$ 时结构静定（结构不存在内力传递模式），此时该结构就为通常所说的静定结构；

当 $s > 0$ 时，该结构可以施加预应力，并使结构处于自平衡状态。

目前，由于平衡矩阵包含了较刚度矩阵丰富的结构特性，因此结构体系分类多基于平衡矩阵来划分确定。

第五节　索杆张力结构的分析方法

索杆张力结构成形后，在预应力作用下结构应处于稳定的平衡状态。在荷载作用下，结构的受力分析和荷载-位移曲线跟踪可以采用力法分析和几何非线性有限元法。

索杆张力结构分析过程和计算方法与传统结构有很大差别。目前，通用的有限元程序无法完整地分析索杆张力结构，而专用程序很少。

思 考 题

1. 索杆张力结构的工作原理是什么？

2. 索杆张力结构有什么特点？

3. 根据定义，索杆张力结构包括哪几类结构形式？

4. Maxwell 准则判定结构体系的几何不变性的必要条件是什么？通过平衡矩阵实现对结构几何可变性判定的方法是什么？

第二章　张弦梁结构

第一节　张弦梁结构概述

1. 张弦梁结构的概念

张弦梁结构得名于该结构体系的受力特点，即"弦通过撑杆对梁进行张拉"。张弦梁结构由三类构件组成，即可以承受弯矩和压力的上弦刚性构件（通常为梁、拱或桁架）、下弦的高强度拉索以及连接两者的撑杆，见图 4.1。

2. 张弦梁结构受力特性的三种理解

（1）张弦梁结构的基本受力特性是通过张拉下弦高强度拉索使得撑杆产生向上的分力，导致上弦构件产生与外部竖向荷载作用下相反的内力和变位，从而降低上弦构件的内力，减小结构的变形。

（2）认为该结构是在双层悬索体系中的索桁架基础上，将上弦索替换为刚性构件而产生。其优点是由于上弦刚性构件可以承受弯矩和压力，一方面可以提高桁架的刚度，另一方面 内力可以在其内部平衡（自平衡体系），而不再需要支承系统提供的水平反力来维持。

（3）将张弦梁结构看做为用拉索替换常规平面桁架结构的受拉下弦而产生的结构体系，这种替换使得桁架的下弦拉力不仅可以由高强度拉索来承担，更为重要的是可以通过张拉拉索在结构中产生预应力，从而达到改善结构受力性能的目的。

3. 张弦梁结构的发展与应用

张弦梁结构的应用最早可以在 19 世纪初建造的铸铁桥中发现，如英国 1859 年建造的 Royal Albert 桥，见图 4.17。首先介绍一下张弦梁结构在国外的工程应用情况。

① 在 20 世纪 80 年代，张弦梁结构开始在日本的一些大跨度屋盖结构中应用。在随后的 10 余年中，建成了一批有代表性的张弦梁结构，如图 4.18 所示 1991 年建成的酒田国体纪念体育馆，由尺寸为 53m×68m 和 41m×31m 的两个大小展厅组成，中部张弦梁支承在两侧设置的悬臂桁架上。

② 1995 年建成的浦安市体育馆以"翻滚的波涛"为建筑形象，弯曲的大屋顶（108m×52m）有两跨张弦梁结构组成，覆盖了一大一小两个竞赛场；上弦构件采用空腹桁架。计算简图示于图 4.19 中。

③ 张弦梁结构大多以平行布置的平面张弦梁结构为主，但也有空间布索的张弦梁结构形式。1994 年建成的南斯拉夫贝尔格莱德体育馆采用的是双向张弦梁结构（图 4.20），体育馆的纵向和横向分别布置 3 榀和 4 榀平面张弦梁，上弦梁采用钢筋混凝土梁，下弦为 8 束预应力筋，在纵横向张弦梁的交叉点处设置倒四角锥撑架。

图 4.17　Royal Albert 桥

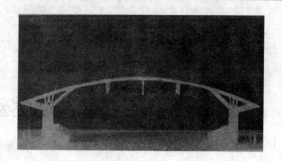

图 4.18　酒田国体纪念体育馆

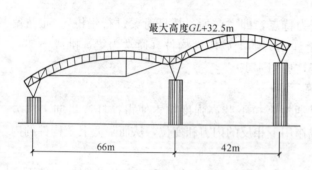

图 4.19　浦安市体育馆

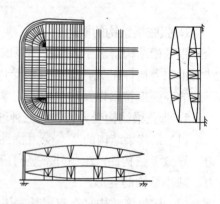

图 4.20　南斯拉夫贝尔格莱德体育馆

④ 日本的前桥绿色穹顶，平面为 122m×167m 的椭圆，采用的是辐射状布置的张弦梁结构（共 34 个平面张弦梁），其上弦梁采用 H 型钢桁架，下弦为钢缆，见图 4.21。

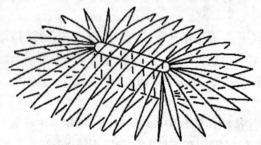

图 4.21　日本前桥绿色穹顶
(a) 穹顶结构形式；(b) 穹顶内景

张弦梁结构在我国的工程应用始于 20 世纪 90 年代后期，主要的代表性工程有三个，且均采用平面张弦梁结构体系。

① 上海浦东国际机场航站楼是国内首次采用张弦梁结构的工程，每榀张弦梁纵向间距为 9m，该张弦梁结构上、下弦均为圆弧形，上弦构件由三根方钢管组成，腹杆为 ϕ350mm 圆钢管，下弦拉索采用 241ϕ5 平行钢丝束，见图 4.22。

② 2002 年建成的广州国际会议展览中心的屋盖结构采用张弦梁结构，其上弦采用倒三角形断面的钢管立体桁架，跨度为 126.6m，纵向间距为 15m。撑杆截面为 ϕ325mm，下弦拉索采用 337ϕ7 的高强度低松弛冷拔镀锌钢丝，见图 4.23。

③ 黑龙江国际会议展览体育中心主馆屋盖结构也是采用张弦梁结构，该建筑中部由相同的 35 榀 128m 跨的预应力张弦桁架覆盖，桁架间距为 15m，见图 4.24。与广州国际会议展览中心的区别是拉索固定在桁架的上弦节点上，而没有固定在下弦支座处。下弦拉索采用 439ϕ7 的冷拔镀锌钢丝。

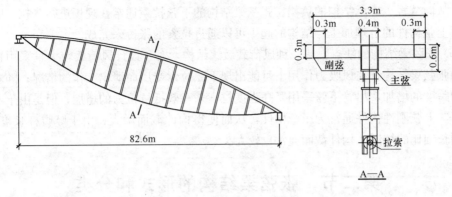

图 4.22　上海浦东国际机场张弦梁结构

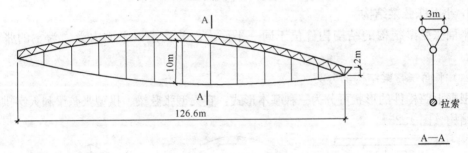

图 4.23　广州国际会议展览中心张弦梁结构

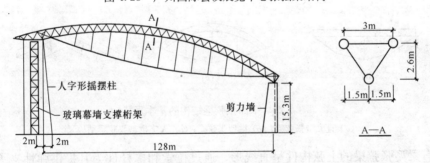

图 4.24　黑龙江国际会议展览体育中心张弦梁结构

4. 张弦梁结构的特点

(1) 张弦梁结构构成简洁, 力流传递明确。张弦梁结构通常为平面受力体系或由平面受力单元组合而成的空间受力体系, 其腹层构件只有竖腹杆, 不存在斜腹杆, 并且竖腹杆间距大于普通的平面桁架。

(2) 张弦梁结构形式轻盈而富于建筑表现力, 是建筑师乐于采用的一种大跨度结构体系。

(3) 张弦梁结构具有跨越较大空间的能力。与普通的平面桁架相比, 张弦梁结构的下弦采用高强度拉索, 取消了较长的斜腹杆。当跨度增加时, 结构跨中高度可以相应地提高来保证必要的整体刚度。而跨度增加造成的下弦内力增加又通过高强度拉索来承担。同时由于不存在斜腹杆, 竖腹杆的受力较小, 其间距也可以较普通平面桁架增大。

(4) 张弦梁结构的构件内力可以自平衡, 除竖向反力外, 其并不对支承结构造成水平推力，从而减轻了支承结构的负担。张弦梁结构的下弦拉索通常在现场进行张拉。因此只要配合上弦构件的合理加工，结构的起拱可以通过拉索的张拉来完成。

（5）张弦梁结构的缺点：是一种风荷载敏感结构，对于设计风荷载较大且采用轻屋面系统的张弦梁结构，在风吸力作用下可能出现下弦拉索受压而退出工作的情况；随着张弦梁结构跨度的增加，尽管下弦采用了高强度拉索来有效抵抗拉力的增加，但是由于不存在斜腹杆，上弦刚性构件通常为压弯构件，从而使得构件截面增大；由于竖腹杆长度增加，考虑到长细比的控制，构件截面通常也较大。

第二节　张弦梁结构的形式和分类

1. 平面张弦梁结构

平面张弦梁结构的结构构件位于同一平面内，并且是以平面内受力为主的张弦梁结构。

（1）平面张弦梁结构的分类

根据上弦构件的形状可分为三种基本形式：直梁型张弦梁、拱型张弦梁和人字拱型张弦梁结构（图 4.25）。

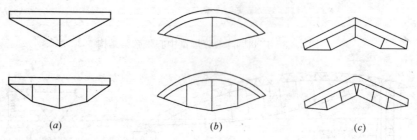

图 4.25　平面张弦梁结构的基本形式
（a）直梁型张弦梁；（b）拱型张弦梁；（c）人字拱型张弦梁结构

① 直梁型张弦梁的上弦构件呈直线形，通过拉索和撑杆件为其提供弹性支承，从而减小上弦构件的弯矩，其主要适用于楼板结构和小坡度屋面结构。

② 拱型张弦梁除了拉索和撑杆为上弦构件提供弹性支承，减小拱上弯矩的特点外，由于拉索张力可以与拱推力相抵消，一方面充分发挥了上弦拱的受力优势，同时也充分利用了拉索抗拉强度高的特点，适用于大跨度甚至超大跨度的屋盖结构。

③ 人字拱型张弦梁结构主要用下弦拉索来抵消两端推力，通常其起拱较高，所以适用于跨度较小的双坡屋盖结构。

（2）平面张弦梁结构的共同特点

平面张弦梁结构的布置必须充分保证结构平面外的稳定性，可以考虑两方面的措施：其一是采用平面外刚度较大的上弦构件，比如上海浦东国际机场的张弦梁结构上弦构件采用三根平行梁，广州国际会议展览中心的张弦梁结构上弦构件采用立体桁架；其二是要重视屋面水平支撑系统的设置，从目前国内已建成的几个大跨度张弦梁工程来看，其屋面均布置了密布的上弦水平交叉支撑。

2. 空间张弦梁结构

空间张弦梁结构大多是以平面张弦梁结构为基本组成单元，通过不同形式的空间布置所形成的以空间受力为主的张弦梁结构。可以分为以下几种形式：

① 单向张弦梁结构：是在平行布置的单榀平面张弦梁结构之间设置纵向支承索，如图 4.26 所示。纵向支承索一方面可以提高整体结构的纵向稳定性，保证每榀平面张弦梁的平面外稳定，同时通过对纵向支承索进行张拉，为平面张弦梁提供弹性支承，因此此类张弦梁结构属于空间受力体系，该结构形式适用于矩形平面的屋盖。

② 双向张弦梁结构：是由单榀平面张弦梁结构沿纵横向交叉布置而成，如图 4.27 所示。两个方向的交叉平面张弦梁相互提供弹性支承，因此该体系属于纵横向受力的空间受力体系。该结构形式适用于矩形、圆形及椭圆形等多种平面的屋盖。

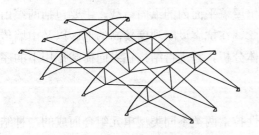

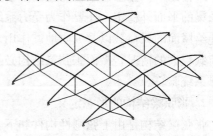

图 4.26　单向张弦梁结构　　　　　　　　图 4.27　双向张弦梁结构

③ 多向张弦梁结构：是将平面张弦梁结构沿多个方向交叉布置而成，如图 4.28 所示，适用于圆形平面和多边形平面的屋盖。

④ 辐射式张弦梁结构：由中央按辐射状放置上弦梁，梁下设置撑杆，撑杆用环向索或斜索连接，如图 4.29 所示。该结构形式适用于圆形平面或椭圆形平面的屋盖。

由于目前的工程应用基本上以平面张弦梁结构为主，因此本篇主要针对平面张弦梁结构进行讨论。

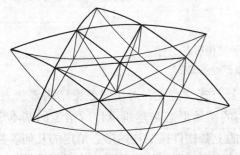

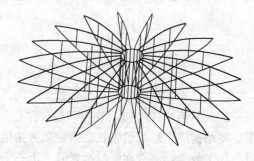

图 4.28　多向张弦梁结构　　　　　　　　图 4.29　辐射式张弦梁结构

第三节　张弦梁结构的计算方法

1. 张弦梁结构计算的一般原则

张弦梁结构的基本受力性能符合线弹性和小变形的假定，因此荷载及预应力效应可以采用线性叠加原则。但是对于跨度较大的张弦梁结构，在进行上弦构件放样形状分析时，可能需要考虑几何非线性的效应以进行精确分析。

张弦梁结构的分析通常采用有限单元法。单元类型的选择应该区别对待。对于上弦构件，如果是实腹式或格构式，通常定义为梁单元；如果上弦构件是桁架，通常把桁架中的杆件按杆单元处理。如果结构中仅存在竖向腹杆，一般下弦拉索与撑杆之间节点固定，不允许拉索滑动，因此结构分析时将拉索在节点处分段，每段按直线拉索单元处理。最近一些改进的张弦梁结构体系也像普通桁架一样采用交叉腹杆，并且拉索绕下弦节点滑动，这时下弦拉索应按折线拉索单元处理。竖腹杆一般按杆单元处理，但是其上节点的平面外转角应与上弦构件节点刚接。

严格来讲，张弦梁结构的屋面水平支撑系统不应该按构造设置，因为其不仅保证单榀张弦梁的平面外稳定，还要作为受力系统承担屋盖平面内的纵向荷载，主要包括两端山墙传递给屋面的风荷载以及纵向地震作用。因此，在抗震设防烈度较高的地区以及山墙传递风荷载较大的情况，平面张弦梁结构必须整体分析，并进行结构在纵向荷载作用下的屋面支撑系统验算。

2. 张弦梁结构的形态定义

张弦梁结构是由上弦刚性构件和下弦柔性拉索两类不同类型单元组合而成的一种结构体系，通常将其归类"杂交体系"范畴，从受力性态上来看，通常被认为是一种"半刚性"结构。

根据张弦梁结构的加工、施工及受力特点通常将其结构形态定义为零状态、初始态和荷载态三种，如图 4.30 所示。零状态是拉索张拉前的状态，实际上是指构件的加工和放样形态；初始态是拉索张拉完毕，且屋面结构施工结束后的形态，也是建筑施工图中所明确的结构外形；荷载态是外荷载作用在初始态结构上发生变形后的平衡状态。

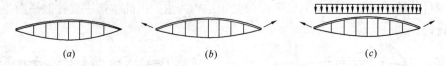

(a)　　　　　　　(b)　　　　　　　(c)

图 4.30　张弦梁三种结构形态
(a) 零状态；(b) 初始态；(c) 荷载态

以上三种状态的定义，对张弦梁结构的设计具有现实意义。对于张弦梁结构零状态，主要涉及结构构件的加工放样问题。张弦梁结构的初始形态是建筑设计所给定的基本形态，即结构竣工后的验收状态。如果张弦梁结构的上弦构件按照初始形态给定的几何参数进行加工放样，那么在张拉拉索时，由于上弦构件刚度较弱，拉索的张拉势必引导撑杆使上弦构件产生向上的变形，如图 4.31 所示。当拉索张拉完毕后，结构上弦构件的形状将不同于初始形状，从而不满足建筑设计的要求。因此，张弦梁结构上弦构件的加工放样通常要考虑拉索张拉产生的变形影响，这也是张弦梁这类半刚性结构必须进行零状态定义的原因。

从目前已建成的张弦梁结构工程的施工程序来看，通常是每榀张弦梁张拉完毕后再进行整体吊装就位，然后铺设屋面板和安装吊顶。因此该类结构的变形控制应以初始态为参

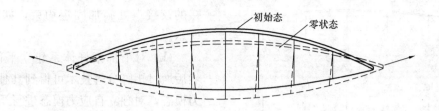

图 4.31 张弦梁结构拉索张拉过程的变形

考形状，也就是说，只有可变荷载在该状态下产生的结构变形才是正常使用极限状态所要求控制的变形，结构变形不应该计入拉索张拉对结构提供的反拱效应。

张弦梁结构荷载态的分析可不考虑几何非线性的影响，即符合小变形的假定。

3. 主要计算内容

（1）结构的预应力分布的计算。

（2）荷载态各工况作用下的结构变形和构件内力分析。

（3）零状态结构加工放样形状分析。

4. 预应力分布的计算方法

考虑到张弦梁结构属于小变形的线性结构，因此张弦梁结构荷载态各工况作用下的结构分析可以采用线性叠加原则，即先计算各单项荷载作用下的节点位移和构件内力，然后按照荷载组合原则将单项荷载作用下的节点位移和构件内力乘以荷载分项系数和组合系数后相加，最终求得各荷载工况作用下的节点位移和构件内力。

（1）平面张弦梁结构预应力分项的等效节点荷载法

对于图 4.32 所示的只设置竖向撑杆的平面张弦梁，如果任意相邻段的自平衡预张力分别为 T_k 和 T_{k+1}，根据下弦节点在撑杆垂线方向的平衡条件知：

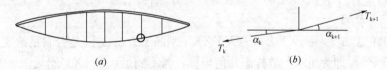

图 4.32 只设置竖向撑杆的平面张弦梁

$$T_k \cos \alpha_k = T_{k+1} \cos \alpha_{k+1}, \quad \therefore T_{k+1} = T_k \cos \alpha_k / \cos \alpha_{k+1} \tag{4-6}$$

式中 $\quad \alpha_k、\alpha_{k+1}$ ——分别为两边拉索与撑杆垂线的夹角。

可以看出，张弦梁结构的下弦拉索各索段之间的预张力符合一定的关系，而不是独立的。如果已知某一根索段的预张力，那么利用全部下弦节点在撑杆垂直方向的平衡关系便可求出所有其他索段的预张力。也就是说，张弦梁结构的拉索张力只有一股是独立的，其他索段的预张力可以看成是某根索段张拉的结果。

（2）局部分析法

考虑到张弦梁结构预应力只有张拉下弦拉索产生，上部结构的预应力是由于下部索杆张力体系施加的预张力造成的，因此只要确定下部索杆张力体系初始态预应力分布，就可以进一步通过平衡条件求得上部构件的初始态预应力分布。而下部索杆结构的预应力分布利用平衡矩阵方法求出。局部分析法的主要步骤如下：

（a）将体系中的梁单元同下部索杆单元分离，对于下部索杆体系，在其与上部结构连

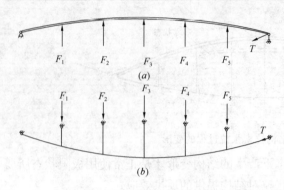

图 4.33　局部分析法的计算简图

接的铰接点处施加固定约束，如图 4.33 所示。

（b）对下部索杆体系建立平衡矩阵，然后通过矩阵分解技术可得到其独立自应力模态，对独立自应力模态进行组合可得到结构的初始预应力分布。

（c）将下部结构和上部结构相连接的单元内力作为荷载施加到上部结构上，对上部结构进行线性有限元分析可得到上部结构相连接的内力分布。

需要注意的是，因为此时是在已知结构初始态几何形状的情况下求预应力的分布，是单纯地找力分析，所以在第三步中对上部结构的分析一定要采用线性分析，以求出基于初始态构形上的平衡内力。

5. 结构放样几何的计算方法：

张弦梁结构放样分析采用逆迭代法，基本思想如下：

首先假设一零状态几何（通常第一步迭代就取初始态的形状）；然后在该零状态几何上施加预应力，并求出对应的结构变形后形状；将其与初始态形状比较，如果差别比较微小，就可以认为此时的零状态就是要求的放样状态；如果差别超过一定范围，则修正前一步的零状态几何，并再次进行迭代计算，直到求得的变形后形状与初始态形状满足要求的精度。逆迭代法的基本步骤如下：

① 首先假设初始态几何即为零状态几何，令 $\{XYZ\}_{0,k} = \{XYZ\}$，进行第一次迭代。

② 在 $\{XYZ\}_{0,k}$ 结构形状上施加预应力，计算结构位移并得到 $\{XYZ\}_k = \{XYZ\}_{0,k} + \{U_x U_y U_z\}_k$，令 $k=1$。

③ 计算 $\{\Delta_x \Delta_y \Delta_z\}_k = \{XYZ\} - \{XYZ\}_k$，判断 $\{\Delta_x \Delta_y \Delta_z\}_k$ 是否满足给定的精度。若满足，则 $\{XYZ\}_{0,k}$ 即为所求的放样态几何坐标；若不满足，令 $\{XYZ\}_{0,k+1} = \{XYZ\}_{0,k} + \{\Delta_x \Delta_y \Delta_z\}_k$，$k = k+1$，重复（2）、（3）步。

第四节　张弦梁结构的节点形式

张弦梁结构的主要节点包括：支座节点、撑杆与下弦拉索节点、撑杆与上弦构件节点。

1. 支座节点

为了保证结构的预应力自平衡和释放部分温度应力，张弦梁结构的两端铰支座一般设计为一端固定、一端水平滑动的简支梁。通常张弦梁两端支座都支承于周边构件上，但对于水平滑动支座也有通过下设人字形摇摆柱来实现的做法，如黑龙江国际会议展览体育中心的张弦梁结构便属此类。

对于跨度较大的张弦梁结构支座节点，由于其受力大、杆件多、构造复杂，因此较多地采用铸钢节点以保证节点的空间角度和尺寸的精度，免去了相贯线切割和复杂的焊接工

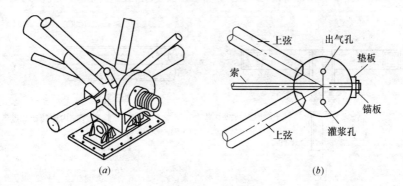

图 4.34　支座节点构造图

(*a*) 铸钢支座节点；(*b*) 焊接空心球支座节点

序，也避免产生复杂的焊接温度应力。广州国际会议展览中心张弦梁结构立体桁架的下弦索锚固在支座节点上，采用了如图 4.34(*a*) 所示的铸钢节点。

由于铸钢节点制作加工复杂且重量大，成本较高。对于中小跨度的张弦梁结构可采用预应力网格结构中的拉索节点，拉索直接锚固在焊接球上，张拉完毕后在焊接球内灌高强度等级水泥砂浆，如图 4.34 (*b*) 所示。比如华南农业大学风雨操场张弦梁结构的支座节点采用的就是普通网格结构的焊接空心球支座节点。

2. 撑杆与下弦拉索节点

撑杆与下弦拉索之间的节点构造必须严格按照计算分析简图进行设计。对于只存在竖向撑杆的张弦梁结构，其下弦拉索和撑杆之间必须固定，因此节点构造应保证将索夹紧，不能滑动。目前大多数工程是采用由两个实心半球组成的索球节点来紧扣下弦拉索。上海浦东国际机场航站楼的张弦梁结构中采用的是图 4.35 (*a*) 中的节点，该节点的构造是把索球扣在撑杆的槽内；而广州国际会议展览中心的结构节点构造是利用一个锻钢节点将索球和撑杆相连，如图 4.35 (*b*) 所示。

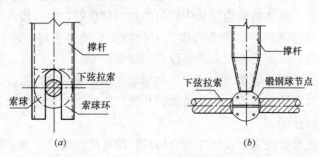

图 4.35　撑杆与下弦拉索节点构造图

(*a*) 节点做法一；(*b*) 节点做法二

3. 撑杆与上弦构件节点

下弦索平面外没有支撑，因此撑杆与上弦构件的节点通常设计为平面内可以转动、平面外限制转动的节点构造形式。上海浦东国际机场航站楼的张弦梁结构采用的是图 4.36 (*a*) 中的构造节点；广州国际会议展览中心采用的是图 4.36 (*b*) 中的节点。

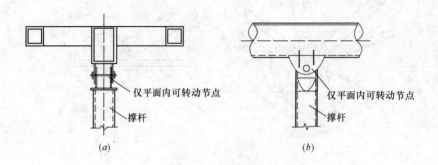

图 4.36　撑杆与上弦构件节点构造图
(a) 节点做法一；(b) 节点做法二

第五节　张弦梁结构的施工

平面张弦梁结构的制作和施工通常分为如下几个阶段：

(1) 构件的工厂制作。张弦梁结构的上弦构件应该根据设计提供的零状态放样几何在工厂加工。考虑到运输条件限制，对于实腹式、格构式构件通常分段加工。

(2) 上弦构件的现场分段拼接。工厂里制作好的上弦分段构件运送到工地后，一般按照吊装位胎架节间的距离拼装成长段。通常采用卧式拼装法，以节省拼装胎架材料，提高焊机、吊机等设备的利用率。

(3) 吊装位整体组装。上弦构件分段拼装完成后，通过吊机安装到吊装位胎架上进行组装。吊装位胎架可根据现场条件设置，但应满足如下两个条件：支架的距离必须保证整体刚度未形成的屋架上弦在相邻支架间的强度和刚度要求，同时支架必须满足自身的强度、刚度和稳定要求。整体组装通常从中间向两边对称进行，每一段安装时都应该采用全站仪测量，保证节点标高和构件的垂直度。上弦构件安装完毕后，进行撑杆和拉索的安装。在固定拉索之前，应该复核拉索的各段理论松弛长度。

(4) 张拉。结构在整体组装完成后即可利用千斤顶在端部进行张拉，张拉过程要确保索中施加的张力值和设计值一致，并将结构的几何位置控制在设计值的误差范围内，即采用索力和结构尺寸双控制。

(5) 吊装。张弦梁张拉完毕，经检验合格后，即可吊装就位。起吊吊点需要根据实际情况设置并要保证各吊点的同步作用。

(6) 滑移法施工。对于矩形平面的平面张弦梁结构，通常可以采用柱顶滑移法施工。张弦梁结构的柱顶滑移通常采用分区段编组滑移法，即将吊装完毕的几榀编为一组，先将每榀之间的屋面支撑系统安装完毕后，再整组滑移。

(7) 安装屋面系统。完成屋面支撑系统的安装后，安装屋面系统。

思 考 题

1. 怎样理解张弦梁结构的受力特性？
2. 平面张弦梁结构有什么优缺点？
3. 张弦梁结构的结构形态可定义为哪三种？请详细叙述三种结构形态。
4. 张弦梁结构的支座节点、撑杆与下弦拉索节点、撑杆与上弦构件节点分别应该满足什么设计要求？
5. 了解并掌握张弦梁结构的制作与施工过程。

第三章 张拉整体结构

第一节 张拉整体结构的概述

1. Fuller 关于张拉整体结构的思想

（1）"张拉整体"来源于"张拉"和"整体"的缩合。这一概念的产生受到了大自然的启发。富勒认为宇宙的运行是按照张拉整体的原理进行的，即万有引力是一个平衡的张力网，而各个星球是这个网中的一个个孤立点。

（2）按照这个思想张拉整体结构可定义为一组不连续的受压杆件与一套连续的受拉单元组成的自支承、自应力的空间网格结构。

（3）张拉整体结构的最大力学特点，就是"张力集成"，体系结构中的大部分单元处于连续的张拉状态，而零星的受压单元就像"张力海洋中的孤岛"，反映了大自然的一种存在规律，及连续拉、间断压的客观规律。

（4）张拉整体结构的刚度由受拉和受压单元之间的平衡预应力提供，在施加预应力之前，结构几乎没有刚度，并且初始预应力的大小对结构的外形和结构的刚度起着决定性作用。

（5）由于张拉整体结构固有的符合自然规律的特点，最大程度地利用了材料和截面的特性，可以用尽量少的钢材建造大跨度建筑。

2. 张拉整体结构的发展简史

（1）张拉整体体系在历史上曾出现过多种名称：自应力网格、浮动受压体系、临界或临界格构体系等，这些名称的不同是由于研究者基于不同的出发点：有基于几何学的，有基于构成原理的或者力学的。这种结构的关键在于，面对受拉和受压两种情形，如何最大程度地利用材料的强度。

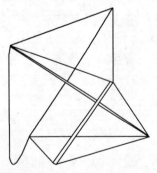

图 4.37 Loganson 的平衡结构

（2）1921 年在莫斯科举行的一个展览会上，拉脱维亚雕塑家 Loganson 展示了它在 1920 年完成的一个平衡结构（图 4.37）：由三根杆和七根索组成，并由第八根非应力索控制，整个结构是可动的。该模型是张拉整体体系的"雏形"，还不具有刚度，但这个平衡结构与早期的三根杆和九根索组成的张拉整体单元已经很接近了。

（3）Fuller 在一些大自然现象中得到启发，得到了宇宙的运转是按照张拉整体的原理进行的，但他没有将他的结论进一步实现。1947 年和 1948 年夏天，Fuller 在黑山学院教学并不断向他的学生传授"张拉整体"的理念：自然界依赖连续的张拉来固定互相独立的受压单元。后来，他的学生，现代著名的雕塑家 K. Snelson 做出了答案，并把他的发明交给了 Fuller，见图 4.38。

（4）1962 年美国 Fuller 第一个提出了他的专利"张拉整体结构"，开创了现代张拉整体结构研究的新纪元。

（5）在近 40 多年里，张拉整体体系从最初的设想到工程实践大约经历了以下几个阶段：想象和几何学、拓扑和图形分析、力学分析及试验研究。其中力学分析包括找形、自应力准则、工作机理和外力作用下的性能等。

① 从 20 世纪 50 年代起，许多研究工作者都采用了靠想象的实用方法，如施奈尔森（K. Snelson）的雕塑及莫瑞挪（Moreno）的设想等。

② 几何学上最重要的工作是由富勒（R. B. Fuller）和埃墨瑞赤（D. G. Emmerich）完成的。

图 4.38 K. Snelson 的
双 X 模型

③ 加拿大的结构拓扑研究小组在形态学方面做了最重要的工作。

④ 张拉整体的找形分析为的是使体系的几何形式满足自应力准则。英国剑桥大学的 S. Pellegrino 教授建议了用一种标准非线性程序解决这一问题的方法；而一个基于虚阻尼的动力松弛方法也得到了同样的结果。

⑤ 张拉整体结构的力学分析类似于预应力铰节点索杆网格结构，除了一些特殊的图形外，都含有内部机构，呈现几何柔性。Mohri 说明了如何保证适当的自应力及单元的刚度，还给出了识别与索提供的刚度相一致的自应力状态的算法。

3. 张拉整体结构的研究现状和进展

（1）研究方法

① 区别于传统结构的显著特点

张拉整体体系从本质上来说，在没有预应力存在的情况下是机构，在预应力存在的情况下结构获得刚度成为可承载的结构。

② 内力分布与外形的关系

张拉整体体系的杆单元、索单元的内力分布对几何外形的影响很大，可以说内力的分布决定了外形。

由以上两点可以看出，在对张拉整体的成形及荷载分析过程中，非线性十分显著，如果按照有限元的解析过程很可能不收敛，得不到有效解。所以许多学者提出了自己的思路和解决方法：

S. Pellegrino 的研究主要集中于采用矩阵向量的空间理论来研究机构问题，其中涉及了一阶无穷小机构的判定问题，但是分解过程似乎缺乏严格的数学证明，受到了同行的批评。为此，S. Pellegrino 也对其新建的理论做了修正。

美国 Illinois 大学的 Kuznetsov 教授从能量泛函的角度，在忽略位移高阶量的前提下，推导出了可用矩阵形式表示的广义刚度矩阵。该矩阵在形式上非常复杂，在工程应用上较有难度。

在机构和结构的判定研究过程中，广义概念得到了比较广的应用，日本东京大学的教

图 4.39　荷兰国家博物
馆前的"针塔"

授半谷裕彦对此作出了特殊的贡献。

张拉整体找形方法的研究一直处于发展中，到目前为止还没有一个很好的方法可以适用于张拉整体找形的全过程。

（2）工程实践

目前在世界很多地方都建造了艺术品性质的张拉整体结构，如法国的公园雕塑、华沙国际建筑联合会前的张拉空间填充体、荷兰国家博物馆前膜覆盖的"针塔"（图 4.39），以及 1958 年 Fuller 为布鲁塞尔博览会设计的一个富有表现力的张拉整体桅杆等。

除了上面提及的带有艺术特征的张拉整体雕塑型结构和一些专利外，真正概念上的张拉整体结构还没有在较大尺寸的功能建筑中应用。但是，运用张拉整体思想的索穹顶在近 30 年内有了相当的发展。

第二节　张拉整体结构的形态

1. 张拉整体单元和张拉整体结构

虽然张拉整体体系有许多与传统结构不同的地方，但是其几何构形却是有一定的规律可循，张拉整体结构大部分由张拉整体单元通过不同的组合形成，张拉整体体系也可以抽象出几种基本的张拉整体单元。

经 Fuller 研究，张拉整体起源于众多面体，不论是规则的、半规则的、高频短程线的或者不规则的，典型的就是多面体的边是一根压杆。这些压杆互相之间不接触，而是由一些柔性单元或细绳固定就位，形成稳定的雕塑体系。压杆单元和柔性单元都处于轴力状态，可以高效地利用材料，因为单元可以比其要求承受弯曲的情况显得更轻。图 4.40 是张拉整体二十面体和四面体，图 4.41 是张拉整体多面体极具代表意义的三维球体二十面体。

图 4.40　张拉整体二十面体和
四面体

图 4.41　90 根压杆的三维球体
张拉整体二十面体

结构的形态分析包括结构的关联性分析和形状分析，前者是关于拓扑，后者关于外形。下面主要从几何多面体的研究入手，分析张拉整体的构造形式即索单元与刚性杆的布置及其刚化条件。

2. 张拉整体单元形态

（1）多面体几何：从纯几何的角度分析，张拉整体单元是由一些正则多面体或正则多面体的变换组成。因此多面体几何的研究在张拉整体的研究中占了较大部分。

① 多面体是由若干个平面按一定规则构成的几何体。多面体中，任意三个平面不相交于同一直线，平面的交线形成多面体的棱边，交线的交点形成多面体的顶点。若记多面体的面数、棱边数和顶点数分别为 f、m、n，根据欧拉公式有：

$$f - m + n = 2$$

② 如果形成多面体的各个面全等，则这种多面体为正则多面体。正则多面体只有五种。

③ 大多数的结构单元是图 4.42 所示的几种基本多面体及其组合，在这些基本多面体中，四面体中的三角锥、五面体中的四角锥和三棱柱体及六面体中的四棱柱是主要的单元几何形式。

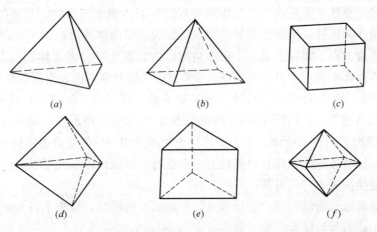

图 4.42 基本多面体几何及其组合

(a) 四面体；(b) 五面体；(c) 六面体；(d) 由两个正四面体组合成的多面体；
(e) 由两个直四面体组合成的多面体；(f) 由两个正五面体组合成的多面体

（2）一些基本多面体张拉整体单元

将图 4.42 中第一列的平行棱柱上平面逆时针旋转 α 角度可以得到（图 4.43）第二列的所谓右手系的张拉整体棱柱单元。这些张拉整体单元对角线就是压杆。而左手系的张拉整体单元通过顺时针旋转上平面交换压杆拉索即可得到。

值得注意的是每一个张拉整体棱柱单元对应唯一的一个 α 角度，即 $\alpha = 90 - 180/n$，其中 n 是上下多边形的边数。因此，三角形、四边形、五边形、六边形的张拉整体棱柱单元 α 分别为 $30°$、$45°$、$54°$、$60°$。这个结果是 Kenner 在 1976 年基于 Tobie1967 年的研究结果发现的。

知道角度 α 的值和上、下平面的形状大小以及上、下平面的距离就可以计算出压杆和拉索的长度，也就唯一确定了此张拉整体单元的形状。

（3）复合型张拉整体单元

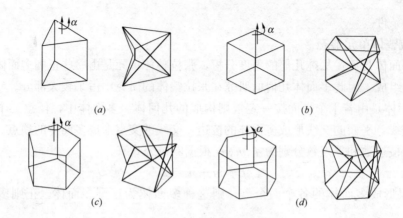

图 4.43　张拉整体棱柱

(a) 张拉整体三棱柱单元；(b) 张拉整体四棱柱单元；(c) 张拉整体五棱柱单元；

(d) 张拉整体六棱柱单元

复合型张拉整体单元是由正多面体或半规则多面体演变而来的。具体的构成方法为：将多面体的边作为压杆，用一个"等价节点"来表示多面体的顶点。

这个"等价节点"实际上是一个正多边形，边数取决于原多面体顶点上汇交的面数。如：对于正四面体来说，它具有 4 个面、4 个顶点（每个顶点由 3 个面汇交形成）、6 条棱边，那么与之对应的复合型张拉整体单元具有 6 条压杆（与 6 条棱边对应）、4 个小正三角形的"等价节点"（与 4 个顶点对应），以及 4 个大正三角形面（与 4 个面对应）。图 4.44 中分别给出了与正四面体、正八面体与正六面体相对应的复合型张拉整体单元。

复合型张拉整体单元也具有对偶性。一个复合型张拉整体单元可以从原来的形式经过一个连续的变换而成为它的对偶：

把压杆沿着拉索滑动，使"等价节点"小面放大的同时，减小了各大面的尺寸，直至原来大面变小成为其对偶单元的"等价节点"，原来的"等价节点"变换为其对偶单元的大面。

复合型张拉整体单元的对偶变化，与多面体之间的对偶变化一样，压杆数量保持不变，并经过了一个垂直于球面轴的转动。

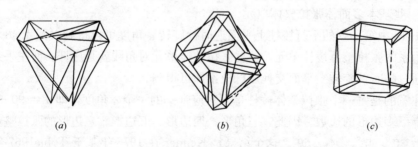

图 4.44　复合型张拉整体单元

(a) 正四面体；(b) 正八面体；(c) 正六面体

3. 张拉整体结构形态

张拉整体单元通过各种组合形成张拉整体结构，但张拉整体结构却不具备张拉整体单元的一些优秀特性。在复杂性科学中，个别的组合并不是单体的叠加，而是单体共同作用的结果，是一个非线性的过程。

Fuller 提出了张拉整体体系的具体模型：是多面单层张拉整体多面体（具有一层索），受限于压杆的拥挤。见图 4.2。

Valnay 创造了单层平面无限填充索网格（但必须在弯曲的形式下工作），压杆以不同的方式连接非相邻节点。在它的网格中，索—压杆比例似乎并不合理，且压杆过长容易引起屈曲。见图 4.11。

Emmerich 是最先构思双层张拉整体 DLTG 网格的，压杆被夹在两层索间。这种构形基于张拉整体棱柱（生成平面）或截角棱锥体（生成曲面）。见图 4.45。

Motro 通过结点连接张拉整体截角棱锥体来形成 DLTG 网格，结果他的网格中压杆连于节点，和其他已研究的构形相异，导致了张拉整体定义的混乱。见图 4.12。

Hanaor 鉴别了连接三角棱柱的三种不同方法，并通过棱锥体的短程线子划分，深入研究了 DLTG 穹顶的几何关系，形成三角棱锥体构成的 DLTG 格构。见图 4.46。

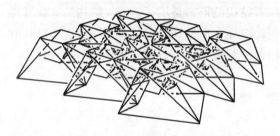

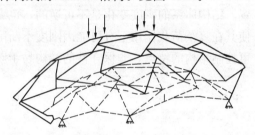

图 4.45　Emmerich 双层张拉整体网格　　　　图 4.46　Hanaor 的双层穹顶

对于 DLTG 体系，连接单体的多面体棱柱的张拉整体单元形成体系，具体的单体连接方法可以分为：节点与节点、节点与索、索与索。

两相邻的索部分或全部重合，Motro 的构形属于第一种，对于非接触的构形一般采用第二种，在张拉整体的网格内，形态方面的研究已有很多，但是张拉整体的概念仍在扩展。

第三节　张拉整体结构的特点

1. 预应力成形特性

张拉整体结构的一个重要特征就是在无预应力情况下结构的刚度为零，此时体系处于机构状态。对张拉整体结构中单元施加预应力后结构自身能够平衡，不需要外力作用就可保持应力不流失。并且结构的刚度与预应力的大小直接有关，基本呈线性关系。

2. 自适应能力

是结构自我减少物理效应、反抗变形的能力，在不增加结构材料的前提下，通过自身形状的改变而改变自身的刚度以达到减少外荷载的作用效果。

3. 恒定应力状态

张拉整体结构中杆元和索元汇集达到力学平衡，称为互锁状态。互锁状态保证了预应力的不流失，同时也保证了张拉整体的恒定应力状态。即在外力作用下，结构的索元保持拉力状态，而杆元保持压力状态。这种状态保证了材料的充分利用，索元和杆元能够充分发挥自身的作用。当然要维持这种状态，一是要有一定的拓扑和几何构成，二是需要适当的预应力。张力集成系统结构的这些结构特点与传统结构体系是不同的。

4. 结构的非线性特性

张拉整体结构是一种非线性形状的结构，结构的很小位移也许就会影响整个结构的内力分布。非线性实质上是指结构的几何系中包括了应变的高阶量，也就是应变的高阶量不能忽略；其次描述结构在荷载作用过程的受力性能的平衡方程，应该在新的平衡位置中建立；第三，结构中的初应力对结构的刚度有不可忽略的影响，初应力对刚度的贡献甚至可能成为索元的主要刚度。初应力对索元刚度的贡献反映在单元的几何刚度矩阵中。

5. 结构的非保守性

所谓非保守性是指结构系统从初始状态开始加载后结构体系的刚度也随之改变。但即使卸去外荷载，使荷载恢复到原来的水平，结构体系也并不能完全恢复到原来的状态和位置。结构体系的刚度变化是不可逆的，也意味着结构的形态是不可逆的。结构的非保守性使其在复杂荷载作用下有可能因刚度不断削弱而溃坏，但是同时也具有自适应能力结构和可控制结构的特点。非保守性的结构易于获得被控制效果。

思 考 题

1. 了解并掌握 Fuller 关于张拉整体结构的思想。
2. 张拉整体单元是怎样形成的？
3. 了解并掌握张拉整体结构的特点。

第四章 索穹顶结构

第一节 索穹顶结构的概念和特点

1. 概念

索穹顶结构是 20 世纪 80 年代以来风靡全球的大跨度结构，是美国工程师盖格尔（B. H. Geiger）发展和推广富勒（R. B. Fuller）张拉整体结构思想后实现的一种新型大跨结构，是一种结构效率极高的张力集成体系或全张力体系。它采用高强钢索作为主要受力构件，配合使用轴心受力杆件，通过施加预应力，巧妙地张拉成穹顶结构。该结构由径向拉索、环索、压杆、内拉环和外压环组成，其平面可建成圆形、椭圆形或其他形状。

索穹顶结构实际上是一种特殊的索-膜结构，其外形类似于穹顶，而主要的构件是钢索，由始终处于张力状态的索段构成穹顶，利用膜材作为屋面，因此被命名为索穹顶。由于整个结构除少数几根压杆外都处于张力状态，所以充分发挥了钢索的强度，只要能避免柔性结构可能发生的结构松弛，索穹顶结构便无弹性失稳之虞。

所以，这种结构质量极轻，安装方便，经济合理，具有新颖的造型，被成功地应用于一些大跨度和超大跨度的结构。

2. 索穹顶结构的发展和应用状况

富勒（R. B. Fuller）在 1962 年的专利中较详细地描述了他的结构思想：即在结构中尽可能地减少受压状态而使结构处于连续的张拉状态，从而实现他的"压杆的孤岛存在于拉杆的海洋中"的设想，并第一次提出了张拉整体这一概念。

富勒（R. B. Fuller）在专利中描述的穹顶由内层杆和外层索构成，其实质是多面体单元在各个方向的组合。随着跨度的增加，这种穹顶曲率变小，将引起杆件的相互碰撞，如图 4.2 所示。Vilnay 引进了无限张拉整体网的概念，如图 4.11 所示。由于这种网是平面填充的索网，因为是单层构造，所以必须做成单曲或双曲，克服了杆件碰撞的缺点，但是由此付出了压杆较长、易屈曲失稳的代价。受富勒（R. B. Fuller）和 Vilnay 单层穹顶存在缺陷的启发，Emmerich、Grip、Motro、Hanaor 等人均提出了双层张拉状态结构，即压杆被限制在二层索之间，由于压杆相对较短，从而避免了杆件失稳和碰撞问题。

1986 年美国工程师盖格尔运用张拉整体体系的概念，开发出一种实用的大跨度空间结构体系——索穹顶，并把它运用于汉城奥运会的体操馆和击剑馆，见图 4.47，由此跨出了由长期的理论研究到实际工程应用的关键性一步。尽管索穹顶结构严格来说并不是真正意义上的张拉整体结构，但它毕竟是从张拉整体思想而来，因而它实际上是张拉整体的概念首次在大跨度建筑中实现。

随后，盖格尔（B. H. Geiger）又在美国建成了伊利诺斯州立大学的红鸟体育场（见图 4.48，1988 年建成）和佛罗里达州的太阳海岸穹顶（1989 年建成），使索穹顶结构的直径超过 200m，成为同样跨度建筑中屋盖重量最轻的一种。

图 4.47　首尔奥运会体操馆　　　　　　图 4.48　红鸟竞技场内景图

1992 年美国工程师 M. Levy 和 T. F. Jing 对盖格尔设计的索穹顶结构中索网平面内刚度不足和易失稳的特点进行了改进，将辐射状脊索改为联方型，消除了结构内部存在的机构，并取消起稳定作用的谷索，成功设计了佐治亚穹顶，1996 年它成为亚特兰大奥运会的主体育馆，见图 4.10。

图 4.49 所示中国台湾桃园体育场，1993 年建成，跨度 120m，有 3 圈环索，容纳 15000 个观众，索穹顶屋盖下的混凝土受压环梁因雨水槽被加宽而向外悬挑，同时支撑环梁的基础结构向内收，整个体育场建筑像一顶帽子。

(a)　　　　　　　　　　　　　　　　(b)

图 4.49　中国台湾桃园体育场
(a) 全景图；(b) 内景图

图 4.50 示出了阿根廷 La Plata 体育馆的结构模型图与网格平面图，该工程于 2000 年建成，是魏德林格尔事务所设计的一个双峰型索穹顶结构，整个屋盖平面是由直径为 85m、圆心间距为 48m 的两个圆相交而成，其支承结构是一个 9m 宽、13m 高的环形三角

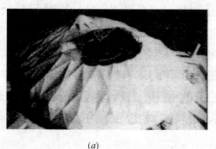
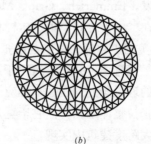

(a)　　　　　　　　　　　　　　　　(b)

图 4.50　阿根廷的 La Plata 体育馆
(a) 模型图；(b) 网格平面图

形钢桁架。

图 4.51 所示的日本天城穹顶是一个多功能体育馆，它是为了纪念天城市政府成立 30 周年而建。整个穹顶跨度为 54m，矢高 9.3m。

 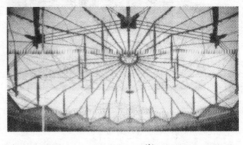

(a) (b)

图 4.51 日本天城穹顶
(a) 全景图；(b) 内景图

随后，利维（M. Levy）的设计团队又设计了圣彼得堡雷声穹顶和沙特阿拉伯利亚德大学体育馆。其中利亚德大学体育馆为可开合的索穹顶结构，一时间，索穹顶结构得到迅速发展，索穹顶不但造型优美、轻巧通透而且可以跨越较大跨度，在可开合方面也显示了良好的适应性，这一切工程实例说明了索穹顶具有广阔的应用前景。

近几年来，许多国家都对索穹顶结构进行深入的研究，并建造出了造型新颖、构思独特的索穹顶结构建筑，这在很大程度上促进了索穹顶结构的发展。事实上，在这个发展过程中，不仅索穹顶结构的设计和施工方法有了巨大的进步，而且张拉成形思想也发生了很大的变化，它已经从最初的"连续拉、间断压"发展为"间断拉、间断压"，这些进步和改进显示出索穹顶结构设计的思想越来越先进，施工成形方法也变得越来越成熟和实用。

我国从 20 世纪 90 年代中期开始对索穹顶结构进行报道，到目前为止已经在索穹顶结构的研究上取得了长足的进步。总体上看，国内外对索穹顶结构的研究主要集中在结构体系的判定、结构静力和动力特性分析、施工成形技术和模型试验研究等方面。

虽然国外一些工程实践显示了索穹顶结构的强大生命力和广阔的应用前景，但由于理论分析难度和技术保密原因，关于其设计理论、施工技术方面的研究成果很少有文献介绍，我国在这方面的研究最近几年刚刚起步，已经取得了阶段性成果，理论研究也逐渐全面深入，基本具备了自己设计和建造索穹顶的能力。

浙江省重点实验室针对索穹顶结构的索杆体系易发生大位移和大转角，并伴有刚体运动、机构运动和弹性变形等问题，提出一种只需张拉端部斜索的肋环型索穹顶几何法施工成形方法，给出了相应的图表，只需按照图表即知晓安装位置，并按照几何法实际安装了国内第一座索穹顶结构（图 4.52），同时设计了索杆连接的各种节点，为索穹顶的安装积累了经验，提高了大跨度结

图 4.52 我国第一座索穹顶结构

图 4.53 无锡科技交流中心索穹顶

图 4.54 太原煤炭交易中心展馆

构的施工水平。

采用该施工方法只需张拉斜索，索穹顶结构会自动成形，不需要大规模调整拉索的预应力，甚至当控制好端部斜拉索的张拉几何位置和张拉力时，不需要调整任何拉索的预应力，从而降低了施工技术要求；脚手架只需在竖压杆下部搭设，工程造价经济。该安装方法已申请国家专利和工法。

近些年，国内对于张拉结构这一新型结构形式进行了大量的研究和大胆的尝试，一大批充满现代科技感的张拉结构建筑相继落成。其中主要包括预应力网索结构、张弦结构、弦支穹顶、索穹顶等等。

图 4.53 所示 2009 年建成的无锡科技交流中心，是我国首个刚性屋面索穹顶工程，直径只有 24m。

图 4.54 所示太原煤炭交易中心展馆于 2009 年 6 月开工建设，2011 年 9 月投入使用，建筑外观为碟状玉璧形平面，建筑面积 5.2 万 m^2，使用面积 3.63 万 m^2，展馆中部净高 20m，边缘净高 12m，中心展厅是四周设有铝合金维护的圆形区域，顶部配有带遮阳系统的索穹顶玻璃幕屋面，面积 1660m^2。

3. 索穹顶结构的特点

（1）全张力状态。索穹顶结构处于连续的张力状态，从而让压力成为海洋中的孤岛，由始终处于张力状态的索段构成穹顶。

（2）与形状有关。索穹顶的工作机理和能力依赖于自身的形状。如果不能找出使之成形的外形，索穹顶结构不能工作，如果找不到结构的合理形态，也就没有良好的工作性能。

（3）预应力提供刚度。结构几乎不存在自然刚度，结构的形状、刚度与预应力分布及预应力值密切相关。

（4）自支承体系。索穹顶可以分解为功能迥异的三个部分：索系、桅杆及箍（环）索。索系支承于桅杆之上，索系和桅杆互锁。

（5）自平衡。在荷载态，桅杆下端的环索和支承结构中的钢筋混凝土环梁或环形立体钢网架均是自平衡构件。

（6）与施工方法和过程有关。索穹顶的成形过程就是施工过程。

（7）非保守结构。索穹顶结构在加载后，尤其在非对称荷载作用下，结构产生变形，结构刚度也发生了变化，当卸去这些荷载后，结构不能完全恢复到原来的形状和位置，也不能恢复原来的刚度。

（8）造型优美。索穹顶结构自然形成的穹顶，不仅便于排水，而且造型美观，可满足各种风格的建筑要求，使用不同色调的高强膜材做屋面，可形成与山、水、森林对应的格调和谐、造型新颖的旅游建筑。

（9）造价低。索穹顶结构造价在同类大跨结构中较低，经济效应明显。

（10）施工速度快。索穹顶结构施工方便快捷，所用钢索、压杆、接点锚具、外压环梁均可在工厂中生产成型，可以节约施工场地并能加快工程进度，具有环保性施工的特点。

第二节　索穹顶结构的形式和分类

1. 按网格组成分类

根据拓扑结构的不同，索穹顶结构大致分为盖格尔肋环型索穹顶、双曲抛物面——张拉整体穹顶、索桁穹顶、利维体系索穹顶、葵花型索穹顶、凯威特体系索穹顶等。

（1）盖格尔肋环型索穹顶

这种结构体系呈圆形，由连续的受拉钢索和不连续的压杆组成，见图 4.55。力从中心受拉环通过辐射状的径向脊索、谷索、环向拉索、斜拉索传向周边的受压圈梁。扇形的膜材由钢索施加拉力并绷紧，固定在压杆与索连接处的节点上。代表建筑为 1988 年汉城奥运会体育馆和击剑馆。

盖格尔体系索穹顶结构较为简单，荷载传递明确，施工难度低，并且对施工误差不敏感，同时由于设置了谷索，在风吸力作用下谷索将为整个结构提供刚度以抵抗升力作用。由于它

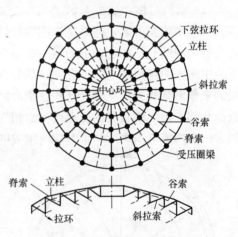

图 4.55　盖格尔肋环型索穹顶

的几何形状类似于平面桁架，所以结构的平面内刚度较小；各索桁架在平面外的稳定性能较差；同时由于该体系结构内部存在着机构，当荷载达到一定程度时，某些机构位移将会丧失预应力对其产生的约束，从而出现整个结构的分支点失稳的情况。所以盖格尔体系索穹顶适用于中等跨度、均布荷载作用下的圆形平面屋顶结构形式。

（2）双曲抛物面——张拉整体穹顶

在盖格尔索穹顶的基础上，美国工程师 M. Levy 开发了一种"双曲抛物面——张拉整体穹顶"。与盖格尔索穹顶的不同之处在于，中间设置了中央桁架以连接两个半圆；上索网采用了三角形网格以适应非圆形的外形；另外，膜采用菱形单元就能形成具有足够刚度的双曲抛物面，如图 4.56 所示。

经过三角划分的 Levy（利维）体系索穹顶，虽然增加了结构的复杂性，并使结构对制造和施工误差较为敏感，但由于结构构成立体桁架，消除了内部机构，几何稳定性明

显提高，从而提高了结构抵抗非均布荷载作用的能力。与盖格尔体系相比，Levy 体系索穹顶上部的薄膜更易于铺设，屋面更易升高，并能更好地解决屋面自由外排水问题；并且经过三角划分后，可适用于多种平面形式。所以说 Levy（利维）体系索穹顶是一种更具有生命力的结构形式。

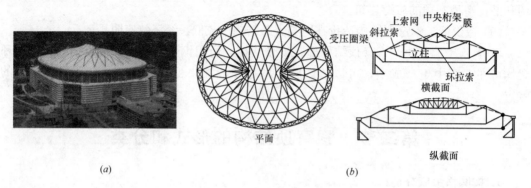

图 4.56　佐治亚穹顶

(a) 全景图；(b) 结构剖面图

（3）索桁穹顶：如图 4.57 所示，它由多根辐射状布置的拱形杆系支承，并由多束索段组成以形成张力索，杆系是由刚性杆件组成以作为受压杆。索锚于连续的压环，也可以各自与周围的地锚相连；索的另一端与中央张力环或刚性杆件的端部相连。索自压环伸出直至中央张力环形成上弦或脊索；部分索自压环伸出后成为斜索。由上弦、斜索和椺杆组成的三角形是相互独立的，这些三角形之间没有公共边。椺杆竖向排列，它们的上端在上弦与相邻三角形的斜索的交点处与索相连。索系形成的上弦相继以相应的数量分叉以形成斜索。在构成支承索后，张力环所组成的索束锚固于椺杆底部。

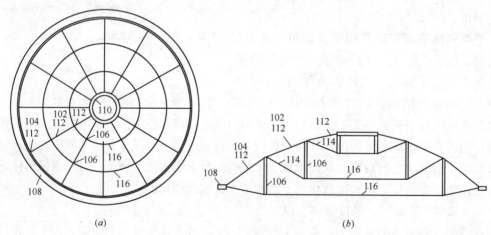

图 4.57　索桁穹顶

(a) 平面图；(b) 剖面图

102—拱形杆系；104—索段；106—刚性杆件；108—压环；110—中央张力环；112—脊索；114—斜索；116—张力环

（4）利维体系索穹顶：如图 4.58 所示，该体系对盖格尔体系索穹顶进行了三角划分，消除了结构存在的机构，提高了结构的几何稳定性和空间协同工作能力，较好地解决了穹顶上部薄膜的铺设和屋面自由外排水等问题；同时也使索穹顶结构能够适用于更多的平面形状。利维体系可用于大跨度屋盖结构。

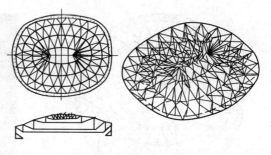

图 4.58 利维体系索穹顶

利维体系与盖格尔体系的主要区别在于脊索和斜索的布置。盖格尔体系的脊索、斜索和立柱均在同一平面内，每个节点上仅有一根斜索相连，脊索沿径向布置，斜索、立柱与其相应的脊索构成一竖向平面三角形；利维体系的脊索、斜索和立柱不在同一平面内，而是构成立体桁架，每个立柱顶的节点上有 2 根斜索与相邻内环立柱底的节点相连，每个节点有 4 根脊索，脊索网的平面投影为四边形或三角形。

（5）葵花型索穹顶：是美国魏德林格尔事务所的工程师 M. Levy 和 Jing 在盖格尔索穹顶的基础上提出的，结构中的构件采用三角化的拓扑形式，这样在几何上更容易构造出复杂结构的外形，受力性能上提高了结构的稳定性，整体承载能力也更佳。静力分析结果表明：该结构具有较强的承载能力，在不对称荷载作用下结构变形并不剧烈。

（6）凯威特体系索穹顶：凯威特体系又称扇形三向型网格索穹顶结构，如图 4.60 所示。它改善了施威德勒型（肋环斜杆型）和联方型（葵花型三向网格型球面穹顶）中网格大小不均匀的缺点，综合了旋转式划分法与均分三角形划分法的优点。因此，不但网格大小匀称，而且刚度分布均匀，可望以较低的预应力水平，实现较大的结构刚度。

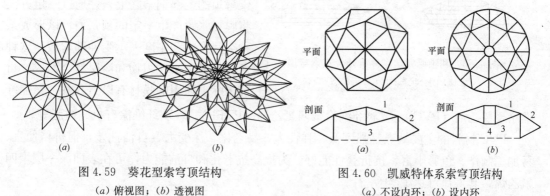

图 4.59 葵花型索穹顶结构　　　　　图 4.60 凯威特体系索穹顶结构
(a)俯视图；(b)透视图　　　　　　　(a)不设内环；(b)设内环
1—压杆；2—斜索；3—环索；4—内拉索

2. 按封闭情况分类

按照封闭情况分，可以将索穹顶结构分为全封闭式索穹顶、开口式索穹顶和开合式索穹顶三种。

（1）全封闭式索穹顶：盖格尔肋环型索穹顶、利维体系索穹顶、凯威特体系索穹顶为典型的全封闭式索穹顶结构，这是索穹顶普遍采用的结构形式。

（2）开口式索穹顶：索穹顶中的张力内环起了极其重要的作用，环索不仅是自封闭的，而且也是自平衡的，因而可以作为大开口索穹顶的内边缘构件。当然，内边缘构件也可做成轻型构架。图 4.61 给出了一个中间大开孔的索穹顶结构。图 4.62 是 2002 年世界杯足球赛韩国釜山主体育场，采用开孔的索穹顶结构。

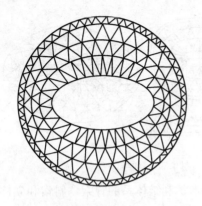

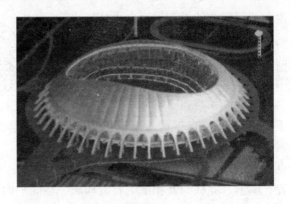

图 4.61 中间大开孔的索穹顶结构图   图 4.62 韩国釜山主体育场

（3）开合式索穹顶：继亚特兰大索穹顶之后，利维等人设计并建成了位于沙特阿拉伯的利雅德大学体育馆，采用开合式的索穹顶结构，如图 4.63 所示，与众不同之处在于采用立体桁架作为外压力环。

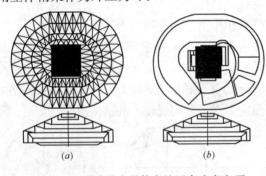

图 4.63 利雅德大学体育馆开合式索穹顶
(a) 闭合状态；(b) 开启状态

3. 按覆盖层材料分类

按照覆盖层材料划分，可将索穹顶划分为薄膜索穹顶和其他材料索穹顶两种。

（1）薄膜索穹顶：索穹顶结构的覆盖层通常采用高强薄膜材料做成，它铺设在索穹顶的上部钢索之上，并通过一定方式将膜材张紧产生一定的预张力，以形成某种空间形状和刚度来承受外部荷载。这种薄膜材料由柔性织物和涂层复合而成。目前国际上通用的膜材有以下几种：聚酯纤维涂聚氯乙烯（PVC）、玻璃纤维涂聚四氯乙烯（PTFE）、玻璃纤维涂有机硅树脂等。

PVC 材料的主要缺点是强度低、弹性大、易老化、徐变大、自洁性差，但价格便宜、易加工制作、色彩丰富、抗折叠性能好。为提高抗老化和自洁能力，可在表面涂一层聚四氟乙烯，其寿命可达 15 年左右。

PTFE 材料的抗拉强度高，弹性模量大，自洁、透光、耐火等物理力学性能好，但价格较贵，不宜折叠，对裁剪制作精度要求较高，寿命一般在 30 年以上，目前应用量最为广泛，特别适用于永久性建筑。

（2）其他材料索穹顶：索穹顶的屋面材料，除了采用膜材之外，也可采用刚性材料，如压型钢板、铝合金板等。刚性屋面索穹顶用钢量虽较高，但造价仍相对较低。

第三节 索穹顶结构的理论分析

1. 工作机理

（1）初始几何态和预应力态——成形和刚化：索穹顶在施加预应力的过程中逐步成

形，这时环索和斜索形成卜悬的索系，作竖向刚体运动的桅杆对上凸的脊索施加了预应力，使脊索成为倒悬刚化的索网，这个倒悬的刚化索网具有网壳的力学性状，在成形过程中又不断地自平衡从而调整预应力分布及调整结构外形。索穹顶的成形和刚化是逐步形成的，结构是逐步累积起来的。结构成形后，索穹顶中的索系，包括脊索和环索都具有预应力，正是这些按一定规律分布的预应力提供了结构刚度。

所以首先在成形过程中使脊索逐步刚化，以提高结构的赘余度，而能通过预应力使结构刚化的主要原因是环索和斜索组成了应力回路，不致使预应力"流失"，故在拓扑和外形的生成过程中结构同时获得刚度，如图 4.64 所示。

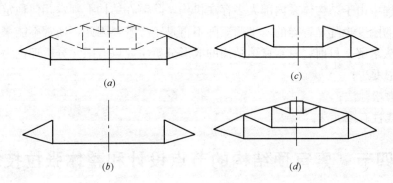

图 4.64　索穹顶成形的初始几何态

(*a*) 未施加预应力；(*b*) 对外圈施加预应力；(*c*) 对中圈施加预应力；(*d*) 对内圈施加预应力

（2）荷载态

在荷载态时，刚化的脊索发挥了拱的作用，作用在穹顶上的外荷载分别沿由预应力索段组成的穹顶周面传至环梁或环形桁架及由桅杆传至桅杆底部的环索，这时环索和斜索形成下悬的索系成为主要的承力结构。

在加载过程中穹顶周面上的预应力脊索因逐渐软化而卸载甚至屈服而退出工作，桅杆底部的环索依然加载，力流经刚性竖向桅杆传至下悬的索系。

在结构加载过程中，结构的刚度不断发生变化，也极其敏感地改变了传力路线。

荷载类型也会影响结构刚度，从而改变传力机制。

在外荷载传递过程中因为自平衡体系的应力回路而平衡了部分对下部支承结构作用的水平力，同时，体系中的索与边梁或边桁架也形成了一个应力回路。

加载、卸载乃至反复加载和卸载过程中，体系的形状和应力均随之改变，于是结构的刚度也改变，所以结构是非保守性的。另外，曲面也很重要，如果穹顶曲面设计合理可望得到效率极高的体系。

2. 设计理论

索穹顶结构分析的基础是非线性分析理论和形态分析理论，结构的预应力通常作为初应力处理。索穹顶结构的分析分为两个状态，即成形态和荷载态。

成形态的分析兼有成形（初始几何态）和刚度（预应力）分析。荷载态分析时考虑结构的非保守性。

（1）非线性有限元分析理论：利用有限单元法采用相应的索单元进行非线性分析，索穹顶结构的形态确定以后，就要确定结构在预张拉和承载过程中的内力，由此进行结构的承载力和稳定设计。

（2）形态分析理论：形态分析是力的平衡分析的逆运算。索穹顶结构所涉及的形态分析包括形状判定和内力判定，分析的过程就是不断求出能满足平衡条件的形状。

3. 找形分析

索穹顶结构的工作机理和能力依赖于自身的形状，如果不能找出使之成形的外形，结构就不能工作，也就没有良好的工作性能。所以，索穹顶结构的分析和设计首先从找形分析开始。

找形过程中由于结构体系内部大多存在机构，除需在结构上判定几何稳定性外，由于体系所形成的刚度矩阵是奇异的，平衡矩阵不再是正方阵，因此，通常不能采用传统的弹塑性力学方法求解。目前，对索穹顶结构的成形分析主要以有限元分析理论为基础。

（1）力密度法；

（2）动力松弛法；

（3）非线性有限元法。

第四节　索穹顶结构的节点设计和整体张拉技术

索穹顶结构的几何非线性特性和高新技术特点，决定了节点设计和整体张拉控制的重要性和复杂性。节点是连接结构各构件的关键的点，节点的工作性能是否可靠，是索穹顶结构的基本保证；另外，如何实施索穹顶结构整体张拉与控制，也是实施技术中的关键问题。节点设计和整体张拉控制应该考虑以下几个方面：

（1）钢索与节点的连接强度。索穹顶结构是利用钢索的高强度性能承受荷载，故连接钢索的节点也必须具有高强度性能。

（2）节点构造要求。索穹顶结构由径向索、环索、压杆、内拉环和外压杆组成，各构件相互正交连接，形成内力自平衡的穹形空间结构体系。索穹顶结构的节点按连接对象可分为索与索连接、索与杆连接、索与环梁连接三种类型，且每个节点由于空间位置不同，节点形状有所差异，构造设计必须满足索穹顶结构的空间特征。

（3）节点功能要求。索穹顶结构没有稳定的初始形态，必须通过施加整体预张拉，才能形成稳定的预张拉平衡状态，承受各种荷载。所以要求节点在实施结构整体预张拉时具有对构件长度进行调节的功能。

（4）节点力学性能。索穹顶结构的计算要考虑整体性和全过程性。在节点设计中，必须确定每一类节点的综合弹性模量及变形特征，另外，为了正确计算受压杆件的稳定性，还需要确定节点对受压杆件的约束性质。

（5）索穹顶结构的整体张拉控制。索穹顶结构由初始不稳定状态到预张拉平衡状态，是一个逐步调整结构内力平衡的过程，这一过程的实施，必须遵循结构的内力调整规律，按步骤，有秩序地进行预张拉。同时，还必须监测钢索张力变化，控制张拉过程，以满足结构的外形和受力要求。由于在钢索上不便于设置力传感器，可以通过在节点上设计力传感器进行监测。

第五节　索穹顶结构的施工

以盖格尔索穹顶为例，介绍一下索穹顶结构的施工阶段：

(1) 在中心搭一临时塔架，将中心张力环或核心杆吊置于其上。在地面将铝铸件及上节点在脊索上安装好，然后将连续的脊索连于中心和外压环梁之间。在一定的构件原长及可调节范围内，可确定一个合理的中心临时支撑塔架高度，来实现索穹顶在连接过程中保持基本无应力状态。

(2) 将立柱下部铸造节点临时固定于地面，同时在其上安装预应力环索，将立柱吊起并与脊索上的铸造节点相连，然后张拉斜索提升环索至立柱底端，并通过铸造节点与立柱相连。

(3) 同时用千斤顶张拉最后一环每个立柱底端的斜索，每个工人张拉一股索，每个立柱两个人，所施加的张力必须完全均匀，使环索位于同一平面内，最后使竖杆达到设计位置。

(4) 对其余各环从外到内重复步骤 (3)，直到整个结构各立柱和中心环均张拉到位为止。

(5) 调整斜索张力，整形，最后达到设计形状。钢索有两种基本的调节方式：一种是收紧环索，这种方式是在松弛状态下将各组径向索调整到设计长度，然后逐步收紧环索，调节点较少，容易将结构调整到设计状态。另一种是收紧径向索，这种方式是在松弛状态下将各道环索调整到设计长度，然后逐步调整径向索。径向索有屋面脊索和斜索，要将结构调整到设计状态，必须分别调整最外圈的屋面脊索和斜索，所以节点设计时必须具有分别的调整功能，并且调整过程比较难控制，无论采用哪种调节方式，都必须在实施整体张拉之前做好具体的安排与调整工序设计。

(6) 完成膜的铺设。在脊索上安装膜连接构件，铺设裁剪好的膜材，最后密封两块膜之间的缝隙。

思　考　题

1. 什么是索穹顶结构？索穹顶结构是由什么构件组成的？
2. 索穹顶结构的特点是什么？
3. 按照拓扑结构的不同，索穹顶结构可以分为哪几类结构形式？
4. 索穹顶结构中，利维体系与盖格尔体系有什么区别？
5. 了解并掌握索穹顶结构的工作机理。
6. 索穹顶结构的节点设计应该满足什么要求？
7. 了解并掌握索穹顶结构的施工过程。

第五章 弦支穹顶结构

第一节 弦支穹顶结构的概念和特点

1. 弦支穹顶结构的概念

如图 4.65 所示，典型的弦支穹顶体系由一个单层球面网壳、下端的撑杆及预应力拉索组成。撑杆上端与单层球面网壳相对应的各层节点铰接，下端通过径向拉索与下一层单层网壳节点相连，同一层撑杆下端由环向箍索连接，撑杆和预应力拉索构成张拉系统，与单层球面网壳共同承受荷载作用。这样，弦支穹顶同时发挥了单层球面网壳和张拉体系各自的优势，成为更有效、更经济的跨越大跨度的新型结构体系。

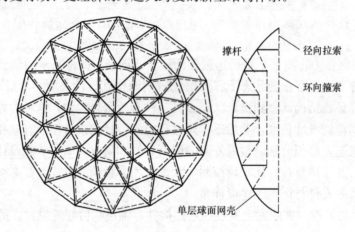

图 4.65 弦支穹顶结构

弦支穹顶适用于圆形或椭圆形平面的建筑，对于矩形平面的建筑，弦支穹顶通过径向的和纬向的蜕变，形成两向汇交网格，而扩展为普通的弦支结构体系。实际上，弦支穹顶是弦支结构中刚性上弦为球网壳的一种特例。弦支结构的预应力优化、非线性承载能力分析、抗震性能、静动力稳定的理论分析等与弦支结构基本相同，所不同的是形态学分析中网格形成和形状判定等的前处理阶段。由于建筑功能布置的原因，平面为矩形的情形比圆形要多，因此，弦支结构体系可以更广泛地应用于大量的工程中。平面型的弦支结构在国内外工程中均有研究和应用，对三向的弦支结构还有很多研究工作要做。

弦支穹顶结构的来源可以有两种理解：一是来自于索穹顶，即用刚性的上弦层取代索穹顶结构中柔性的上弦层而得到；二是用张拉整体的概念来加强单层网壳结构，以提高单层网壳的稳定性及结构刚度。两种理解方法同时也都说明了弦支穹顶结构是张拉整体类的结构体系。

图 4.66 非常清晰地揭示了弦支穹顶的结构原理：单层网壳穹顶结构整体稳定性较差，

而且对周边构件产生较大的水平推力，需要在其周边设置受拉环梁；张拉整体索穹顶必须施加高预应力来保证结构形状的稳定，高预应力对周边构件产生较大的水平拉力，需要在其周边设置受压环梁以平衡拉索预拉力。单层网壳穹顶和弦支体系相结合形成弦支穹顶，弦支体系中索的预应力通过撑杆使单层网壳产生与使用荷载作用时相反的位移，从而部分抵消了外荷载的作用；联系索与梁之间的撑杆对于单层网壳起到了弹性支撑的作用，从而可以减小单层网壳杆件的内力；同时，下部斜索负担了外荷载对单层网壳产生的外推力，从而不会对边缘构件产生水平推力，整体结构形成自平衡体系。

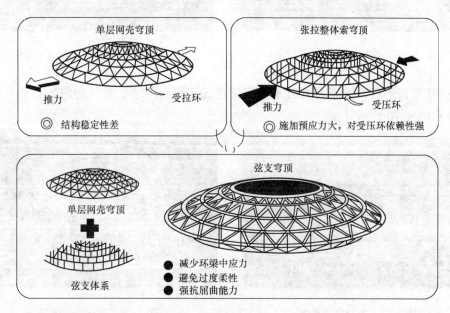

图 4.66 弦支穹顶的结构原理

弦支穹顶结构把单层网壳的刚度和索穹顶结构的高效能结合在一起，使结构具有一定的刚度，简化了节点构造，方便了设计和施工，而且使结构整体的强度、刚度和稳定性有了显著改善。该结构的传力路径很明确：结构最初建成时，通过对索施加适当的预拉力，减小结构在荷载作用下上部单层网壳对支座的推力，在结构受外来荷载作用时，内力通过上端的单层网壳传到下端的撑杆，再通过撑杆传给索，索受力后，产生对支座的反向拉力，使整个结构对下部的约束环梁的横向推力大大减小。与此同时，由于撑杆的作用，大大减小了上部单层网壳各层节点的竖向位移和变形，从而大大提高了结构的效能。

2. 弦支穹顶结构的发展和应用状况

由于弦支穹顶的诸多结构优势，在 20 世纪 90 年代一经提出，就得以在工程中应用。如日本东京于 1994 年 3 月建成的光球穹顶，见图 4.67 和图 4.68，跨度为 35m 的弦支穹顶用于前田会社体育馆的屋顶上。由于首次使用弦支穹顶结构体系，光球穹顶只在单层网壳的最外层下部组合了张拉整体结构，而且采用了钢杆代替径向拉索，通过对钢杆施加预应力，使结构在长期荷载作用下对周边环梁的作用力为零。环梁下端由 V 形钢柱相连，钢柱的柱头和柱脚采用铰接形式，从而使屋顶在温度荷载作用下沿径向可以自由变形。屋面围护材料采用压型钢板覆盖。

图 4.67　光球穹顶外景   图 4.68　光球穹顶在施工中

继光球穹顶之后，1997 年在日本长野又建成了聚会穹顶，其结构内景和外景分别如图 4.69 和图 4.70 所示。

图 4.69　聚会穹顶外景   图 4.70　聚会穹顶内景

弦支穹顶在我国也有工程实例，如 2001 年建成的天津保税区某商务中心大堂屋盖，是直径 35.4m 的弦支穹顶结构，屋盖弦支穹顶周边支承于沿周围布置的 15 根钢筋混凝土柱及柱顶圈梁上，柱顶标高 13.5m，屋面以铝锰镁板为主，入口处局部为采光玻璃，上弦网格采用联方型，网壳沿径向划分为 6 个网格，外圈沿环向划分为 32 个网格，环向网格通过两圈过渡圈到中心缩减为 8 个。如图 4.71 所示为施工中的情形。

昆明柏联广场采光顶，直径 15m，矢跨比为 1/25，采用了单层肋环型网壳，见图 4.72。

图 4.71　施工中的津保税区某商务中心大堂   图 4.72　昆明柏联广场弦支穹顶

2009 年建成的济南奥体中心，在设计理念上，吸收市树"柳树"，市花"荷花"的视觉元素，形成了"东荷西柳"气势恢宏的建筑景观，如图 4.73 所示。体育馆主体结构为钢筋混凝土框架剪力墙结构，采用柱下独立基础，体育馆主馆屋盖采用弦支穹顶结构，索杆体系为肋环型，由环索和径向钢拉杆构成，共设 3 环，其中环索为平行钢丝束，径向钢拉杆为钢棒，另外局部设置构造钢棒，各环索均为单索，撑杆采用圆钢管，上端与网壳沿径向单向铰接，下端与索夹固接。主馆弦支穹顶用钢量 1202.71t，见图 4.74。

图 4.73　济南奥体中心鸟瞰

图 4.74　济南奥体中心体育馆主馆内景

2007 年建成的北京工业大学体育馆，采用弦支穹顶结构。校园里的一大一小两座相邻的银灰色建筑，建筑屋面形似扁平的羽毛球，轻盈优美简洁流畅。大的为比赛馆，小的为热身馆，如图 4.75 所示。这一长约 150m、宽约 120m 的比赛馆还创造了世界建筑史上的纪录——世界上跨度最大的预应力弦支穹顶，最大跨度达 93m，其内景示于图 4.76 中。热身馆的弦支穹顶结构，支撑于角度等分的椭圆（长轴 57m、短轴 41m）上的 20 根钢筋混凝土圆柱上，外装修以玻璃幕墙、金属幕墙和石材为主，屋面为金属屋面板和半透阳光板。

图 4.75　北京工业大学体育馆

图 4.76　北京工业大学体育馆内景

图 4.77 所示常州体育会展中心为椭球形建筑，2008 年建成，高约 37m，屋盖体系矢高 20m。整个体育馆建筑面积近 2.5 万 m²，体育馆的下部主要采用全现浇钢筋混凝土框架结构体系，上部的椭圆形屋盖采用索承单层网壳结构——弦支穹顶结构。

图 4.78 所示重庆渝北体育馆采用弦支穹顶结构，2008 年底建成，在高空俯瞰下去，如同一个晶莹剔透的巨型蛋。

图 4.77　常州体育会展中心

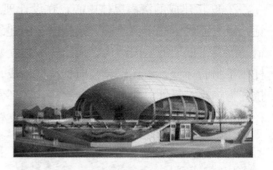

图 4.78　重庆渝北体育馆

3. 弦支穹顶结构的特点

（1）弦支穹顶是一种异钢种预应力空间钢结构，其中高强度预应力拉索的引入使钢材的利用更加充分，结构自重及结构造价因此而降低，同时使弦支穹顶在跨越更大跨度方面具有较大的潜力。

（2）通过对索施加预应力，上部单层网壳将产生与荷载作用反向的变形和内力，从而使结构在荷载作用下上部网壳结构各构件的相对变形小于相应的单层网壳，使其具有更大的变形储备；联系索与梁之间的撑杆对于单层网壳起到了弹性支撑的作用，可以减小单层网壳杆件的内力，调整体系的内力分布，降低内力幅值；从张拉整体强化单层网壳的角度出发，张拉整体结构部分不仅增强了总体结构的刚度，还大大提高了单层网壳部分的稳定性；因此，跨度可以做得较大。

（3）弦支穹顶在力学上最明显的一个优势是，结构对边界约束要求的降低。因为刚性上弦层的网壳对周边施以水平向外推力，而柔性的张拉整体下部对边界产生水平向内拉力，组合起来后二者可以相互抵消。

（4）弦支穹顶由于其刚度相对于索穹顶的刚度要大得多，使屋面材料更容易与刚性材料相匹配，因此屋面覆盖材料可以采用刚性材料。

（5）施工张拉过程比索穹顶结构得到较大的简化。上部单层网壳为几何不变体系，可以作为施工时的支座，预应力拉索可以简单地通过调节撑杆长度或斜索长度而获得张拉，施工变得简单和方便易行。

第二节　弦支穹顶结构的形式和分类

按照常见的单层网壳的网格可以把弦支穹顶结构的类型分为以下几种：

1. 肋环型弦支穹顶

肋环型弦支穹顶是在肋环型单层网壳的基础上形成的，肋环型单层网壳由许多相同的辐射实腹肋或桁架相交于穹顶顶部，下部安置在支座拉力环上，肋与肋之间放置檩条。在穹顶结构下部加上撑杆及拉索后，便形成了肋环型的弦支穹顶结构，如图 4.79 所示。

2. 施威德勒型弦支穹顶

施威德勒型弦支穹顶以施威德勒型网壳为基础形成。施威德勒型网壳是肋环型网壳的

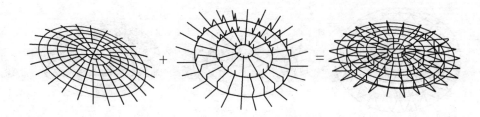

图 4.79 肋环型弦支穹顶

改进形式,由径向杆和斜杆组成,设置斜杆的目的是为了增强网壳的刚度并能承受较大的非对称荷载。对于弦支穹顶结构来说,由于其下部张拉整体部分的斜向拉索具有对称性,故采用双斜杆的网壳来作为其上部最为合理、美观。

3. 联方型弦支穹顶

联方型弦支穹顶以联方型网壳为基础形成,典型的联方型网壳是由左斜杆和右斜杆形成菱形的网格,两斜杆的交角为 30°～50°,造型美观,见图 4.80。

图 4.80 联方型弦支穹顶

当跨度增加,网格划分密集的时候,联方型网壳会出现内外圈网格尺寸差异很大的情况,这样会造成杆件受力不均、规格偏多以及施工上的不便。因此,常采用一种复合的联方——凯威特型网壳作为弦支穹顶的上弦层,以使网格尺寸相对均匀,减少不必要的杆件,受力更合理,施工更方便,如图 4.81 所示。

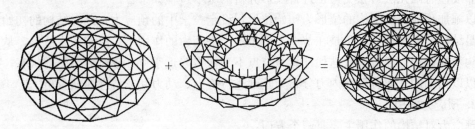

图 4.81 改进的联方型弦支穹顶

4. 凯威特型弦支穹顶

前面提到的各种弦支穹顶的网壳部分都存在网格大小不均匀的缺点,而凯威特型网壳正是为了改善这一点而诞生。它由 n($n=6$, 8, 12, ……)根通长的径向杆线把网壳分为 n 个对称的扇形曲面。然后在每个扇形曲面内,再由纬向杆系和斜向杆系将此曲面划分为大小比较均匀的三角形网格。它综合了旋转式划分法与均匀三角形划分法的优点,不但网格大小均匀,而且内力分布均匀,如图 4.82 所示。

5. 三向网格弦支穹顶

这种网壳的网格是在球面上用三个方向、相交成 60° 的大圆构成,或在球面的水平投

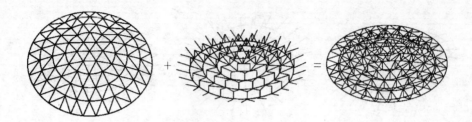

图 4.82　凯威特型弦支穹顶

影面上，将跨度 n 等分，再做出正三角形网格，投影到球面上即可得到三向网格型球面网壳。

第三节　弦支穹顶结构的计算方法

常用的单层球面网壳形式主要有肋环型、施威德勒型、凯威特型、联方型、短程线型等形式。对弦支穹顶结构来讲，最基本的要求就是每一层撑杆上部连接的单层网壳节点必须在同一水平面上，也就是说，撑杆下部必须在同一个水平面上。同时，为了使径向索的布置更有利，应尽可能使相邻两层节点交错布置。

1. 形状判定

含有索单元的杂交结构存在一个找形问题，所谓找形是传统力学问题的逆问题，它是要求出满足平衡条件的形状而不是满足协调条件的平衡，即以几何零状态为基础对预应力态和加载态进行形状判定和力判定，确定施加预应力以后结构的几何位形及内力分布。

要考虑预应力对结构的影响，需对结构进行所谓的找形分析。找形常用的方法有：支座移动法、力密度法、非线性有限元法等。

非线性有限元法对弦支穹顶进行找形分析的基本过程如下：

以施加预应力前结构的位形为初始位形，设定拉索中的预应力，此时结构的初始位形不满足结构的平衡条件，于是在节点上产生了不平衡力的作用下，结构产生位形，从而得到结构新的位形，经过多次迭代计算，节点不平衡力趋近于 0，结构达到平衡状态，此时就可以以结构的几何位形、内力分布为基础进行静力、动力和非线性屈曲分析了。

2. 预应力的引入

预应力对结构的作用主要有两个方面：

（1）预应力的存在使体系形成和保持可以承受任意荷载的几何构形，预应力的作用在于提供刚度、形成和保持体系的初始几何形状。

（2）预应力的存在改变了体系内力分布，降低了内力峰值，预应力的作用在于改变体系的内力分布和大小。

对于结构而言，如果整个体系刚度的结构必须由预应力来提供，可以称为必需预应力结构，如张拉整体结构和索穹顶结构。对必需预应力结构，预应力形成的几何刚度是体系初始刚度矩阵正定的必要条件。如果预应力的作用主要在于改变体系的内力分布和大小，没有预应力体系仍然具有初始弹性刚度，可以称为非必需预应力结构，如弦支穹顶和张弦梁结构。

索的计算分析方法有三种：等效荷载法、缺陷长度法和初应变法。

等效荷载法就是将拉索的预应力作为外力考虑，即将拉索截断，用等效的外力取代拉索，计算分析时拉索单元不参与计算。

缺陷长度法：预应力产生的根源是拉索的初始缺陷长度，即拉索的几何长度和实际长度存在差值而产生了预应力。

初应变法是用预张拉应变来描述索内预应力，随着结构发生变形，索的应变也随之发生改变，计算分析时拉索单元参与计算。

等效荷载法和缺陷长度法中索单元的预应力的给定值为索在结构使用阶段的内力值，为结构最终使用状态的索内力；而初始应变法中索单元的预应力给定值为索锚固到结构上之前的预张拉应变；除等效荷载法中体系总刚度矩阵不包含拉索刚度之外，其他方法总刚度矩阵中都包括拉索刚度。

3. 预应力张拉方案的确定

由于整体张拉索杆结构体系，径向索、环向索及撑杆为一有机整体，索力与撑杆内力相互影响、互为依托。不同的张拉方法、张拉顺序对结构内力分布及变形有较大的影响。

杆件钢结构施工与预应力张拉施工两者先后顺序，分别有拉索在屋盖成形过程中张拉；拉索在屋盖成形后张拉。

(1) 拉索在屋盖成形过程中张拉：钢结构安装方案为中心区域采用顶升和悬拼安装，外围区域采用分块拼装，两者之间的钢构件采用高空散拼。因此拉索在屋盖成形过程中张拉也就是中心区域安装完成后，张拉内环拉索；外围区域安装完成后，张拉外环拉索；两区域连成整体后，张拉中环的拉索。

(2) 拉索在屋盖成形后张拉：拉索在屋盖成形后张拉也就是在屋盖钢网壳安装合拢、形成整体后，再张拉拉索。优点是屋盖成形后张拉可以降低钢网壳合拢难度；屋盖钢网壳形成整体结构，再进行拉索张拉，保证在整体结构中建立预应力，符合设计状况，便于施工控制。缺点是屋盖成形后张拉需搭设可靠的张拉操作平台，增加了施工难度；拉索张拉未能穿插于钢网壳安装过程中，因此将延长施工工期。

第四节　弦支穹顶结构的施工方法

常见的钢结构的吊装方法有高空散装法、分条或分块安装法、高空滑移法、整体吊装法、整体提升法、整体顶升法等。

(1) 高空散装法：施工时，搭设满堂红脚手架或者搭成一定宽度的活动平台，构成承力操作平台，将地面组装工序移至空中平台上进行，最后拼成整体。但要求平台变形小、稳定，并且安全措施要跟上。

优点：起重机械可以选用起重量小的机械作为垂直提升机械。

缺点：脚手架需用量大且土建施工完毕后方能进行脚手架搭设，工期长。

(2) 整体吊装法：是指网架在地面上总拼后，用起重设备将其吊装就位的施工方法。

优点：整个网架的焊接和拼接全部在地面上进行，容易保证施工的质量，整体吊装法适用于在场地和起重设备允许的情况下各种类型的网架。

缺点：由于整个网架的就位全靠起重设备来实现，所以起重设备的能力和控制起重的移动尤为重要，施工重点是网架同步上升的控制，以及网架在空中位移的控制。

（3）整体提升法：是指结构柱上安装提升设备，将在地面上总拼好的网架提升就位的施工方法。

优点：网架整体提升法使用的提升设备一般比较小，利用小机群安装大网架，起重设备小、成本低；提升阶段网架的支承情况与使用阶段相同，不需要考虑提升阶段而增设加固措施，较整体吊装法经济；提升设备的提升能力有较大幅度选择，可将网架的屋面板、防水层、天蓬、采暖通风等全部在地面或最有利的高度进行施工，从而大大节约施工费用。

缺点：网架整体提升法只能在设计坐标垂直上升，不能将网架移动或转动，施工重点是同步提升的控制以及网架空中位移的控制。

（4）整体顶升法：是指在设计位置的地面将网架拼装成整体，然后利用千斤顶将网架顶升到设计高度的施工方法。

特点：顶升法与提升法具有相同的特点，只是提升法的提升设备安置在网架的上面，而顶升法的顶升设备安置在网架的下面。

思 考 题

1. 为什么说弦支穹顶结构是张拉整体类的结构体系？
2. 弦支穹顶结构与单层网壳结构、张拉整体索穹顶结构相比，有什么优点？
3. 弦支穹顶结构中，预应力对结构的作用是什么？
4. 弦支穹顶结构中有哪两种张拉方案？这两种张拉方案分别有什么优缺点？

第六章　环形张力索桁结构

第一节　环形张力索桁结构的概述

1. 环形张力索桁结构的结构形式

环形张力索桁结构是继索穹顶结构之后，用于大型大跨度建筑中的新型索杆张力结构。图 4.6 是一个典型的环形张力索桁结构。

（1）索桁架的构成：由上弦索、下弦索和竖腹杆构成，一端固定在周边支承构件上（如受压环梁或桁架），另一端与内部环索连接。

（2）结构构成有以下两个重要特征：

① 首先为中部大开孔的环状结构，原因是该类结构主要用于覆盖体育场周边看台的罩棚结构；

② 该结构的基本构成是单元为径向索桁架。

（3）对环形张力索桁结构的结构性能理解

① 一种观点认为该结构是辐射式预应力悬索结构（又称车辐式悬索结构）的衍生，无非是将中部钢拉环扩大，并用高强钢索代替。

② 另一种观点是从张拉整体结构体系的角度来理解其结构性能。

客观地说，环形张力索桁结构吸收了悬索结构和张拉整体体系两者的结构特点，但以悬索结构的影响更为深远。因为根据 Fuller 的描述，张拉整体体系的杆是作为连续张拉场中的压力过度，索穹顶结构充分体现了这种特征，但环形张力索桁结构中杆单元并不十分明显。因此，作为辐射式双层悬索体系的衍生更为贴切。

（4）环形张力索桁结构的工程应用情况

从目前的工程应用情况来看，环形张力索桁结构通常适用于圆形、椭圆形以及近似圆形或椭圆形的环形平面形状。

根据内外圈曲线形状的不同，环形张力索桁可以有不同的平面形状，如内外圈均为圆形（CC型，图4.83）、外圈圆形内圈为椭圆形（CE型，图4.84）、外圈椭圆形内圈为圆

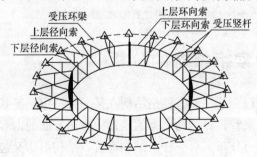

图 4.83　CC 型环形张力索桁结构

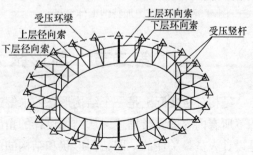

图 4.84　CE 型环形张力索桁结构

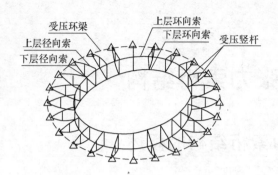

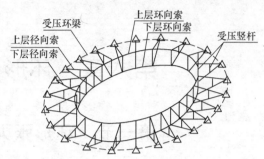

图 4.85   EC 型环形张力索桁结构   图 4.86   EE 型环形张力索桁结构

形（EC 型，图 4.85）、内外圈均为椭圆形（EE 型，图 4.86）。

2. 环形张力索桁结构的发展与应用

环形张力索桁结构是伴随着人们对索杆张力系统跨越能力认识的深入而产生的。

到目前为止，环形张力索桁罩棚结构的代表性工程有 1993 年建成的德国斯图加特纳卡体育场罩棚、1998 年建成的马来西亚吉隆坡室外体育场罩棚以及用于 2002 年韩日世界杯足球赛的韩国釜山体育场罩棚（图 4.62）等。

德国斯图加特纳卡体育场，是欧洲最大规模的膜结构之一，见图 4.87，两主轴长度分别为 200m、280m，EE 型，罩棚最大悬挑达 58m，结构由 40 榀辐射状索桁架及沿周围的两道箱形受压钢圈梁组成，钢圈梁支承在间距 20m 的箱形钢柱上。

马来西亚吉隆坡室外体育场外部压力环为 $\phi1400\times35$ 的钢管，安放在 36 个 V 形柱上，V 形柱又放在混凝土结构上。内部上拉环为 4 根 $\phi78$ 的钢缆，下拉环为 4 根 $\phi97$ 的钢缆，两拉环由 36 根高 18～20m 的钢柱相连。索桁的上索为 $\phi53～\phi78$ 的钢缆，下索为 $\phi66$ ～$\phi94$ 的钢缆，垂直索直径为 24mm，如图 4.88 所示。

图 4.87   德国斯图加特纳卡体育场   图 4.88   马来西亚吉隆坡室外体育场

第二节   环形张力索桁结构的分析

结构分析实际上是一个结构形态的求解过程。结构形态就是结构在某一个特定平衡状态下所有内容的完整描述。从结构设计的角度来看，对结构形态的描述中有两方面的内容是设计人员最关注的，即结构形状和结构的内力分布。对于杆系结构而言，结构形状又包括结构的拓扑和几何两方面内容。其中结构拓扑反映的是构件的构成关系，即通常所说的结构形式；结构的几何指的是连接构件之间的节点空间位置，一般以节点坐标来描述。

传统结构的分析，设计人员对结构内力的关注往往胜于结构的形状。与之相比，大多数索杆张力结构的自身刚度不能使其维持一个稳定的初始平衡形状，其初始形状的稳定性必须通过预应力提供的几何刚度来保证。正是索杆张力结构内力和形状之间的耦合特点，使得其形状分析和内力分析处于同等重要的地位；另外，从分析方法的角度来看，要体现预应力对结构刚度的影响，结构分析必须考虑几何非线性的影响。

索杆张力结构的形态描述与索网结构有类似之处，人们通常根据索网结构形态的分类方法，将索杆张力结构的形态具体落实到三个阶段上：零状态、初始态和荷载态。零状态指的是结构在无预应力作用下的结构平衡形态；初始态指的是结构施加预应力后所维持的一个平衡状态；荷载态指的是某个荷载工况作用于结构所最终达到的一个平衡状态。

从已建索杆张力结构工程的施工程序上来看，在初始形态形成之前，索杆张力结构的构件安装是分阶段分批逐步实施的。因此，索杆张力结构零状态的定义只有结合结构的施工步骤才有实际的意义。也就是说，索杆张力结构的零状态反映的是每一个施工步骤构件安装就位后的平衡状态。其状态通常是多个，而不是一个。因此，从工程意义上讲，索杆张力结构零状态的求解实际上是结构施工或成形全过程的形态跟踪问题。

从索杆张力结构的设计过程来看，结构初始态的形态分析是整个设计工作的起点，也是结构荷载态和施工过程形态分析的根本依据。尽管三个状态之间存在紧密的关联性，但是每一个状态所须进行结构形态分析的内容以及解决这些问题的方法是不同的。

第三节　环形张力索桁结构的施工

1. 施工过程

环形张力索桁结构的施工过程可以按以下步骤进行：

① 首先在地面上将上环索拼装，再将上径向索一端与上环索连接，另一端与环梁处支座节点连接。

② 在支座节点处通过张拉设备收缩上径向索，并牵引上环索到一定的标高。

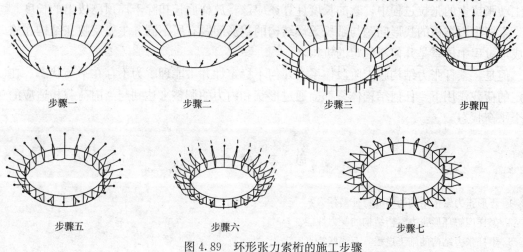

步骤一　　　　　步骤二　　　　　步骤三　　　　　步骤四

步骤五　　　　　步骤六　　　　　步骤七

图 4.89　环形张力索桁的施工步骤

③ 安装竖腹杆，将腹杆的上节点与上弦索的相应节点相连。

④ 将事先在地面拼装好的下环索和下径向索连接到竖向压杆相应的下节点。

⑤ 将上径向索收缩张拉到理论计算长度，并固定。

⑥ 连接下弦径向索外段到支座处，并对其张拉提升整个结构。

⑦ 最终将下径向索收缩张拉到理论计算长度，则整个结构施工完毕，结构成形。

2. 索杆张力结构的施工过程特点

（1）从理想的角度来看，索杆张力结构的施工与传统的空间杆系结构的施工一样，实际上是将一些已知长度的构件按照结构定义的拓扑关系进行组装。

（2）从安装方式上来看，环形张力索桁罩棚结构的构件有两类：一类是上、下环索和压杆，构件长度就是理论计算长度，安装时直接按拓扑关系连接；另一类构件在施工中起辅助的提升和牵引功能。

（3）从构件的安装过程来看，索杆张力结构的施工具有明显的阶段性特点。也就是说，构件是被分为若干个阶段成批安装的。

3. 索杆张力结构施工成形问题的实质

（1）已知条件

① 各索段和杆的原长 s_0；

② 构件的截面面积 A 和弹性模量 E；

③ 构件之间的连接关系（即拓扑关系）以及边界约束情况；

④ 索上横向荷载 q（索的自重）和节点荷载 p（包括实际节点重量以及可能的外挂荷载）。

（2）求解内容

每一个施工步骤进行之前构件的原长（或称放样长度）是已知的。但是，安装构件的原长应该根据构件的类别分别确定。

① 对于被动张拉构件，其原长就是理论上的松弛长度，可通过初始平衡态的构件长度扣除内力引起的弹性伸长量（对于索）或者缩短量（对于杆）来计算。

② 对于主动张拉索，其原长除理论松弛长度外，还包括施工中需要的牵引长度，而在主动张拉索的张拉过程中，索的长度计算还应该将放样原长扣除千斤顶已拔出的长度。

索杆张力结构的找形问题与常规柔性结构的找形问题有所不同，主要反映在结构在施工成形过程中体系是几何不稳定的机构。

但是，索杆张力结构施工阶段体系的几何不稳定性并不能理解为不存在平衡状态。在特定的荷载作用下，任何结构体系都会通过形状和内力的调整来达到与当前荷载相适应的某个平衡状态。

思 考 题

1. 环形张力索桁结构的构成特征是什么？

2. 怎样理解环形张力索桁结构的受力性能？

3. 索杆张力结构的施工过程具有哪些特点？

第七章　点支式玻璃幕墙结构

第一节　点支式玻璃幕墙结构概述

随着玻璃性能的提高、产品的增多和二次深加工技术的发展，人们更加关注创造一个由玻璃作为表层皮膜而形成的透明、晶莹的建筑。围绕着玻璃面支承结构的不同做法，出现过三次创时代的发展：首先是常见的框式玻璃幕墙做法，其次是利用结构胶粘结的隐框式玻璃幕墙做法，然后是点支式连接做法。

1. 第一代玻璃幕墙点式安装法

早在 20 世纪 60 年代，英国皮尔金顿首先开发了第一代点式连接安装法，又称为补丁式装配体系。基本构造做法是在经过强化处理后的玻璃四角打上孔，然后用方形的连接板前后夹住玻璃，并用螺栓固定，位于玻璃后面的连接板则与金属肋连接，从而把玻璃板吊住。采用这种方式安装的玻璃幕墙的高度曾达到 20m 以上。

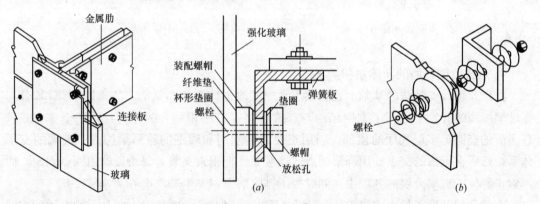

图 4.90　补丁式装配系统　　　　　　图 4.91　平式装配系统及其细部图

2. 第二代玻璃幕墙点式安装法

20 世纪 70 年代皮尔金顿公司进一步开发了第二代的安装方法，又称为平式装配体系。它是在原有连接方式的基础上，取消了立面上看得十分清楚的连接板，以立面上几乎看不清楚的面积极小的四个平头螺钉代替，也就是在强化玻璃的四角按照螺栓的断面形状打孔，然后用螺栓加以固定的方法。由于玻璃和螺栓本身都是硬材料，打孔处很容易因重力、风力、地震等因素引起应力集中，所以引用了厂家专利的软连接技术，即在螺栓和玻璃孔之间及玻璃后面都加上垫圈，起到缓冲作用。

3. 第三代玻璃幕墙点式安装法

20 世纪 80 年代，随着纪念法国大革命 200 周年的十大建筑之一拉·维莱特科学城在 1986 年的建成，又诞生了点式连接的第三代工艺，又称为拉·维莱特体系。该体系的主要特点是在玻璃四角开的孔洞中安装了一个半球状的铰接螺栓，它可以自由地转动，而且这个特制螺栓的转动中心和玻璃的重心（厚度的中心）是一致的，如图 4.92 所示。

这就与以往的平式体系有了根本的区别：平式体系由于玻璃的支撑构件都突出于玻璃之外，很容易在连接处产生扭转弯矩；拉·维莱特体系则使转动中心与玻璃重心一致，从而解决了这个问题。同时每四块玻璃的四个孔洞用一个 H 形的构件加以连接，在四个点上分设每块玻璃各自的回转铰，以此来控制因风力和地震力引起的每块玻璃的位移。这样也使这种体系可以应用于变形较大的结构骨架上。

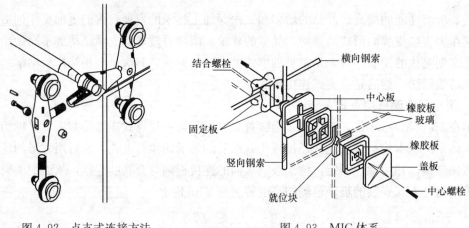

图 4.92　点支式连接方法　　　　　图 4.93　MJG 体系

4. 点式玻璃幕墙的新体系和新工艺

在点式连接安装法的基础上也陆续出现一些改进体系和新做法，如德国 SEELE 公司在玻璃屋顶的开发上采用了索网结构与点式连接安装法相结合的方式：在一个 23.2m×16.6m 的椭圆形多层大厅的顶部，利用正交的钢索网和周围的箱形梁构成了玻璃的支承体系，然后在钢索的交点处用环形的点式连接元件把钢索夹紧，每块玻璃用四点固定，而钢索正好位于玻璃分块的缝隙中。同时为了排除雨露，整个玻璃面有 7° 倾斜。

有的公司开发了最小连接点法，简称 MJG 法，如图 4.93 所示。它与上述方法的相同之处也是用与玻璃分缝相应的钢缆索网做成墙面的支承结构，但又避免了点式连接法在玻璃上打孔以及连接铰的复杂技术，而使用特制的金属连接板，上面有与玻璃分缝相应的十字形凸起，紧贴玻璃两面是橡胶垫板。最后在十字缝的中心有一根螺栓穿过将连接板、橡胶垫板、玻璃固定在一起，而钢缆索网运用另外的固定板与金属连接板固定在一起，形成完整的 MJG 体系。

5. 点支式玻璃幕墙的特征

1）点支式玻璃幕墙利用玻璃的透明特征，追求建筑物内外空间的沟通和融合，人们可以透过玻璃清楚地看到支承玻璃面板的整个结构系统，使这种结构系统不仅起到支承作用，而且具有很强的结构表现功能。

2）点支式玻璃幕墙设计和一般建筑结构设计最大的不同之处在于建筑和结构设计的一体化。

第二节 点支式玻璃幕墙的组成

点支式玻璃幕墙由玻璃、金属紧固件和支承结构组成，本节介绍一下玻璃和金属紧固件。

1. 玻璃

（1）物理性能

玻璃是一种脆性材料，与混凝土相似，抗压性能好，抗拉性能差，应力-应变关系为线性，弹性模量在 0.72×10^5 左右，约为钢材模量的 1/3。

① 抗弯强度：一般浮法玻璃的抗弯强度在 49MPa 左右，经过热处理的钢化玻璃的抗弯强度在 147MPa 左右。

② 自重：2500kg/m^3，其强重比优于钢材，并给人以视觉上轻巧的感觉。

③ 膨胀系数：1.0×10^{-5}，与钢材相近，使得钢材和玻璃能够用于同一种结构，发挥各自的特长。

④ 耐腐性：很强，可抵抗强酸腐蚀，玻璃结构的防腐费用低。

（2）分类

用于结构的玻璃主要有钢化玻璃、夹层玻璃、中空玻璃。

① 钢化玻璃：由平板玻璃热处理而成。方法是将普通平板玻璃或浮法玻璃原片在特制的加温炉里均匀加温至软化点，随后在空气中迅速冷却。这个过程导致玻璃表面及边缘具有压缩层，而玻璃中心部分具有拉力，在玻璃表面形成压应力，玻璃承受外力时，首先抵消了表层应力，提高了承载能力，改善了玻璃抗拉强度低的弱点，这类似于预应力混凝土的增强机理。

钢化玻璃抗压与抗冲击能力的提高，对减轻建筑物自重有益，适用于大板面的幕墙及无框架支撑的玻璃结构。

② 夹层玻璃：夹层玻璃是一种性能优良的安全玻璃。它由两片或多片玻璃用透明的有机胶粘合而成，中间层有机材料最常用的是 PVB，还有甲基丙烯酸甲酯、有机硅、聚氨酯等。中间层胶片在常温下是高弹性物质，在常温以上呈弹塑性。夹层玻璃在受到冲击破坏后，碎片粘在中间层胶片上并保持为整体，不会溅人，只是由辐射状裂纹，仍能保持原有的形状和可见性。

③ 中空玻璃：双层中空玻璃由玻璃、密封胶、间隔框及干燥剂组成。

a. 玻璃：可以是普通浮法玻璃、镀膜玻璃、吸热玻璃、安全玻璃等。

b. 密封胶：一般由两道，第一道密封胶一般使用热融性丁基胶，它的扩散率很低，可以延长中空玻璃的使用寿命。第二道密封胶有聚硫胶、硅酮胶和聚氨酯胶。第二道密封胶主要实现玻璃板和间隔框之间的结构性粘结。

c. 间隔框：为铝框，它决定空气层厚度。

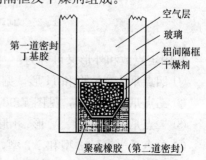

图 4.94 中空玻璃结构形成

d. 干燥剂：最通用的干燥剂为分子筛，被灌在间隔框中。

2. 金属紧固件

点支式玻璃幕墙结构的玻璃面板，通过金属紧固件相连固定在支承钢结构上，金属紧固件包括连接件和爪件。连接件和爪件是点支式玻璃幕墙的重要组成部分，它不仅关系到幕墙的美观，而且直接影响到玻璃面板内的应力分布。

（1）连接件：连接件按构造可分为活动式和固定式，如图 4.95 所示为中空玻璃幕墙中常用的连接件形式，图 4.96 为玻璃与螺栓的两种连接方式：从外形上来看，有沉头式和浮头式之分。连接件中各零件的加工制作，应满足现行行业标准的《钟声玻璃幕墙支承装置》和其他相关产品标准的要求。

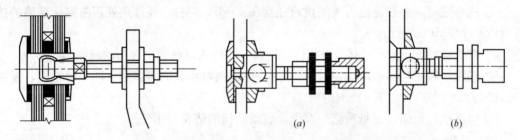

图 4.95　玻璃与连接件的连接方式　　　　图 4.96　玻璃与螺栓的连接方式

(a) 浮头式；(b) 沉头式

（2）爪件：支承爪件按爪臂的可动性和不可动性分为可转动结构爪件和不可转动结构爪件。爪件开孔方式见图 4.97。

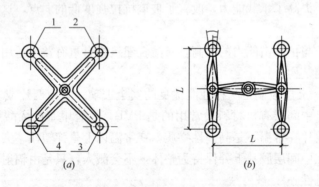

图 4.97　爪件及开孔方式

1、2—双向调节孔；3—基准孔；4—单向调节孔

按固定点数和外形又可分为：

① 四点爪——X 形和 H 形，见图 4.98 (a)、(b)。

② 三点爪——Y 形，见图 4.98 (c)。

③ 二点爪——U 形、V 形、I 形、K 形，见图 4.98 (d)、(e)、(f)、(g)。

④ 单点爪——V/2 型和 I/2 型，见图 4.98 (h)、(i)。

⑤ 多点爪。

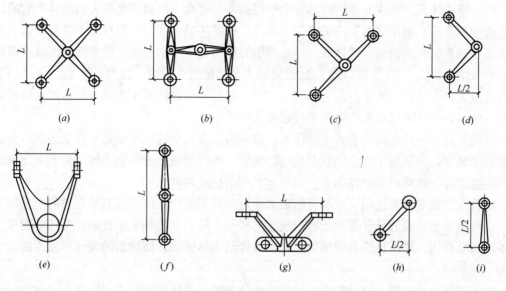

图 4.98　支承爪件的分类

第三节　点支式玻璃幕墙支承结构的形式与分类

点支式玻璃幕墙支承结构的分类方法很多，根据支承构件的材料可分为：全玻式、钢构式、拉索式、索网式、钢构-拉索组合式，如图 4.99 所示。

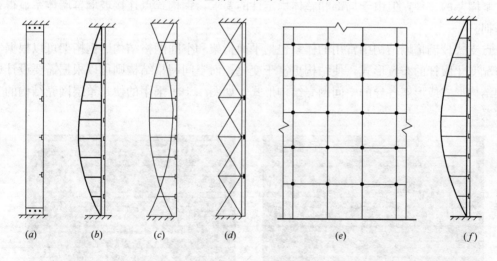

图 4.99　支承结构的分类

（a）全玻式；（b）钢构式；（c）拉索式；（d）拉索式；（e）索网式；（f）钢构-拉索组合式

1. 刚性结构

点支式玻璃幕墙的刚性支承结构分为平面结构体系与空间结构体系两种。平面结构体系主要包括梁式体系、桁架体系、框式体系和拱式体系等。幕墙的空间结构形式一般有网架结构、网壳结构等。

（1）梁式体系：梁式支承结构通常用于层高不是很高、荷载不是很大的场合。它的优点是截面高度小、制作简单、施工方便。无论是横梁还是立柱，一般都处于受弯状态。梁式体系中最常见的是钢构梁式体系，一般用钢管或美化工字钢做成，通常视跨度及荷载情况分别采用单管式、管-管格构式、板-管格构式及其他组合截面。其中，管-管格构式的承载能力最大，而单管式的承载能力相对小一些，但是，梁式体系不太适合层高较大的玻璃幕墙，此时，可以考虑以桁架体系来代替梁式体系。

玻璃肋是另一种常用的梁式支承体系，玻璃肋点支式全玻璃幕墙是一种全透明、全视野的玻璃幕墙，一般用于宾馆厅堂和商场的底层。根据玻璃肋支承在主体结构上下支座的不同约束情况，玻璃肋支承体系又分为落地式和吊挂式两种。

吊挂式全玻璃幕墙是指面玻璃及肋玻璃通过上部钢结构，用吊夹悬吊起来的全玻璃幕墙。这种全玻璃幕墙的设计类似于竖向放置的楼面，玻璃面板相当于楼板，直接承受风力和地震荷载作用，进而传递到玻璃肋上，最后传给主体结构。玻璃肋的设计可采用简支梁模型。

由于玻璃肋承载能力的局限性，这种支承体系的单层高度不能太高。单层高度在 4～6m 时，一般采用落地式全玻璃幕墙体系；当单层高度达 6～10m 时，可采用吊挂式全玻璃幕墙体系。

（2）平面桁架、空间桁架体系

当层高较大时，一般采用钢构式支承体系。这时墙的玻璃面板通过连接件固定在钢结构上，钢构式点连接玻璃幕墙实际上就是在钢结构上加了一层玻璃蒙皮，是幕墙结构中最为"坚固"的一种，但由于局部和整体稳定性的要求，钢构式点连接玻璃幕墙体系显得有点笨拙。

点支式玻璃幕墙结构中常用的体系包括平面桁架和空间网格结构。钢桁架可以根据实际情况变化腹杆的布置形式，使结构更富于变化；而空间网格结构则可以根据需要设计成网架结构形式或形态各异的空间网壳结构形式，如图 4.101 采用的便是单层网壳结构的支承体系。

图 4.100　单管式支承　　　　　　　　图 4.101　网壳结构支承

2. 柔性结构

点支式玻璃幕墙柔性结构主要包括索桁架和索网结构。

索桁的结构构件包括钢索和支撑钢管，以索桁为支承体系的幕墙属于拉索式点连接玻璃幕墙的范畴。索桁体系用不锈钢拉索或拉杆代替一般的钢管构件，整个体系由受拉的张力元和受压撑杆组成，通过施加预应力使拉索始终保持受拉状态。

索网结构的组成材料只有交叉方向的索网和连接玻璃的节点板，是所有点支式玻璃幕墙支承结构中通透性最好的一种。

3. 索钢组合结构

图 4.102　索钢组合支承结构

索钢组合结构支承体系综合了钢构式和拉索式的优点，可以做得既高又细巧。因此，此类幕墙比较适合展览馆和大型文化体育场采用。图 4.102 采用的就是索钢组合支承结构体系。

第四节　点支式玻璃幕墙的分析与设计

1. 荷载及组合

点支式玻璃幕墙分析、设计中要考虑的荷载包括自重、风荷载、地震作用、雪荷载及施工可变荷载等。

2. 点支式玻璃幕墙支承结构的分析方法

（1）支承结构分析的基本内容

对支承结构进行力学计算之前，必须把它们抽象成既能反映实际情况又便于计算的计算简图。计算简图的好坏，直接决定了结构分析工作的成败。一方面，计算简图的合理性直接关系到结构分析的可靠性；另一方面，简捷的计算简图可以大幅度降低结构分析环节的工作强度。

（2）几何构造分析

点支式玻璃幕墙结构与传统结构不同，它追求的是玻璃面板和支承结构共同达到的艺术效果。因此支承结构设计时，不仅要考虑安全性，更要重视结构布置的多样性、简洁性和灵巧性，因此几何构造分析与判定显得非常重要。

（3）静力分析

静力分析是为了获取结构在各种荷载作用下产生的内力和位移，静力分析的方法有力法、位移法和矩阵位移法等。

由于静定结构的安全储备较少，经典建筑结构一般多为超静定结构，少有静定结构。然而，点支式玻璃幕墙结构不同，为了追求简洁、细巧、通透的建筑效果，很多点支式玻璃幕墙的支承结构采用静定结构。

玻璃幕墙的形式越来越新颖，支撑系统的形式也越来越复杂。同时，拉索式支承结构的应用，使得点支式玻璃幕墙分析中的非线性问题变得尤为突出，因此，点支式玻璃幕墙内力分析要比普通结构复杂得多，一般采用空间有限元法进行计算。目前，国际上已经开发出很多非常优秀的有限元软件可资利用，其中比较具有代表性的有 SAP2000、AN-SYS、NASTRAN 等。

点支式玻璃幕墙静力分析中需考虑的作用包括结构自重、风荷载、地震作用和温度变化等。应该进行以下几个方面的分析：

① 风致效应分析

风致效应是幕墙结构的主要效应之一。在风荷载作用下，其迎风面承受风压力、背风面承受风吸力。随着建筑层数的增加，风荷载的影响不断增大。风力是随时间不断变化的，它除了在幕墙上产生一个相对稳定的侧向力外，脉动变化的风力还会使幕墙产生风振现象。因此，风对于建筑物的作用具有静力、动力双重性。在风荷载作用下，幕墙不仅产生顺风向振动，也会产生横风向振动，但是在现行规范中，通过引入风振系数的概念，将风致效应分析统一到静力分析的框架内进行。

风振作用主要与风向、风速、幕墙形状、质量与刚度特性以及所处的地理环境有关，由效应分析统一到静力分析的框架内进行。

② 温度应力分析

温度应力也是幕墙结构必须考虑的作用之一。为了满足建筑功能的需要，常常将幕墙建筑的边柱局部或整体暴露于室外，在这种情况下，随着季节和昼夜气温的变化，边柱将产生轴向的伸长与缩短，同时，边柱与内部的竖向构件之间也会出现竖向位移差，楼层越高，这种变形就越大。由于框架梁、柱之间通常采用刚接，边柱的竖向变形受到约束，结构内力就会发生相应变化。经验表明：采用线弹性的方法来分析这种气温变化引起的结构内力，可以得到足够精确的结果。

③ 地震响应的反应谱分析

点支式玻璃幕墙体系中，玻璃并不是直接依附于主体结构，而是有自身的支承结构体系。在地震作用下，点支式玻璃幕墙是一个次级动力系统，主、次级动力系统耦合效应的复杂性，远非一般结构分析问题可比。

目前，在结构抗震设计中，最基本、最常用的计算方法是反应谱法。通过引进动力系数、地震系数等概念，将地震响应分析转换到静力分析的框架内进行。

④ 地震响应的时程分析

虽然反应谱法简便易行，并且综合考虑了结构、场地和地震激励的诸多特性，但毕竟不是一个完整的动力分析方法。不仅将动力问题静力化这一步需要引入近似假定，而且各单自由度体系的响应分析结果的耦合规则也是人为给定的，缺乏足够的理论依据。因此我国规范明确规定：特别不规则的建筑、甲类建筑和达到一定高度的建筑，作为补充，宜采用地震波对结构进行完整的动力分析。

地震响应的时程分析方法：在结构底部输入地震记录或人工合成的地震波，用时程分析法（直接积分法）求出结构在地震过程中每一时刻的位移与内力。这一方法有时称为直接动力法。直接动力法真实再现了地震作用下结构响应随时间变化的情况，比较可靠。另外，根据结构响应随时间变化的曲线，可以了解结构中塑性铰出现的情况，对于薄弱部位予以加强，有效地防止结构在罕遇地震作用下发生倒塌。

幕墙结构直接动力响应分析方案拟定阶段主要考虑的问题有：选择适当的地震波、合理简化结构的力学模型、选择时程分析的积分格式。

（4）稳定性分析

　　许多结构，特别是钢结构，满足强度要求不一定就意味着安全可靠，还需要进行稳定性分析。包括构件的整体稳定性分析、构件的局部稳定性分析，一些构件（如单层网壳）还要考虑整个结构的整体稳定性，避免整个结构直接失稳，从而引起整体结构的倒塌。

　　（5）刚度分析

　　与一般结构相比，纤细灵巧的点支式玻璃幕墙支承结构比较柔，在风荷载与地震作用下的侧向位移值可能较大，会对人的感觉产生很大影响，玻璃面板也容易破碎。为了保证点支式玻璃幕墙有一个良好的工作状态，需要对幕墙进行刚度分析，对最大变形加以限制。

3. 点支式玻璃幕墙支承结构的设计

　　结构选型就是根据建筑物的基本特征，选择合适的结构类型和结构体系并进行合理的结构布置。不同的幕墙建筑有不同的支承结构方案，一般要考虑以下几方面因素：

　　（1）建筑功能

　　结构选型首先要满足建筑设计的要求，点支式玻璃幕墙的支承结构一般采用钢结构，钢结构体系的具体形式、构件布置、材料的选择等无一不受建筑设计思想的制约。合理的支承结构体系必须成功地体现建筑的品质。

　　（2）结构功能

　　支承结构必须满足强度、刚度、稳定性等设计要求，结构选型必须保证支承结构能够通过随后进行的各项验算工作，支承结构的设计应依据我国的现行《钢结构设计规范》及《玻璃幕墙设计规范》等进行。

　　（3）适应玻璃划分的要求

　　玻璃的大小、形状应当满足建筑要求以及玻璃本身的承载能力和变形要求，同时还应考虑玻璃加工和安装方面的技术要求，必须根据工程的具体情况合理掌握：尽可能使支承结构既能适应玻璃的划分要求，同时又不能影响建筑的通透性和美观。

　　（4）当地建筑材料的供应、地形、地质及自然气候条件

　　支承结构选型与材料的关系相当密切，各种材料都有其最佳的结构形式，考虑结构材料必须因地制宜。地形、地质、风、雨、雪、气温及地震等自然条件对结构选型有很大影响，考虑不周将会造成难以弥补的损失。

　　（5）施工技术条件

　　不同的结构形式对施工技术有不同的要求，如果脱离现有施工技术条件的制约，就会提出不切实际的结构选型方案。

　　（6）经济技术指标

　　不能片面强调经济指标而忽视结构可靠度和建筑造型效果，应当在保证结构可靠度和建筑造型效果的前提下，最大程度地取得良好的经济效果，其中也应考虑工程建成后的结构围护费用。

第五节　点支式玻璃幕墙支承结构的施工

1. 钢结构安装

　　钢结构安装是点支式玻璃幕墙施工中最为繁重的一个阶段。支承钢结构的安装工艺，

按结构形式可以分为梁式钢结构安装、钢桁架安装和索桁架安装。

(1) 梁式钢结构的安装

安装前，应根据施工图，检查钢结构立柱的尺寸及加工孔位是否与图纸一致；安装时，将附件安在立柱上，利用吊车或自制吊装装置，吊起钢立柱并向上提升；提升到位后，用人工方法将立柱的下端引入底部柱脚中，上端则用螺栓和钢支座连接件与主体结构连接；完全到位后，进行临时拧紧，临时点焊，并及时进行调整；两立柱间可用钢卷尺校核；立柱垂直度用 2m 靠尺校核；相邻立柱标高偏差及同层立柱的最大标高偏差，用水准仪校核；调整完毕后，立即进行最终固定。

(2) 钢桁架的安装

钢桁架的施工比梁式钢结构要复杂得多。钢桁架的现场施工步骤，主要分为现场拼接焊接、吊装、固定、稳定杆安装及驳接系统的安装、幕趾安装等。

① 现场拼装焊接

应在现场搭设的专用平台上进行拼装。拼接时，先将弦杆用连接钢管点焊连接，再将腹杆与主管点焊，待整体尺寸校核无误后，再分阶段施焊。施焊时应注意顺序，减少焊接变形及焊接应力。待整个桁架的制作误差控制在设计范围内后，再将连接幕墙的附件焊接在主管上。主管间的焊缝质量等级应为一级，须经 100% 的超声波无损探伤检测。

幕墙厂家有时将钢桁架在工厂内整段制作后运往工地。对于长度大于 12m 的桁架，为了方便运输，应在适当的部位将焊接好的桁架分段，分段点距桁架节点的距离不得小于 200mm，分段长度不大于 12m，分段处用定位钢板及连接螺栓连接。分段钢桁架运到工地后，在现场搭设的专用平台上进行拼接，以分段处的连接钢板及连接螺栓为定位标准。

② 吊装就位

组装完成后就可以用起重机将每榀桁架吊装就位。吊装时桁架两侧要捆绑支杆，以防止侧向失稳。

③ 支座与底板焊接

完成好钢桁架的调整后，应立即进行钢桁架支座与预埋件的焊接，将桁架固定。

④ 稳定杆安装

桁架是平面结构体系，设计时只考虑桁架平面内的受力性能，所以施工时为了保证桁架平面外的稳定性，在平面外必须设置稳定杆。桁架吊装、固定好后，每隔 6～8m 高度安装一道稳定杆。稳定杆安装时，先就位，然后逐步、均匀地调节拉杆的张力，使拉杆拉紧，以满足设计要求。

⑤ 拨接系统安装

钢桁架结构校正、检验合格后，进行拨接系统的安装。安装时，先按爪接件分步图安装、定位爪接件。之后须复核每个控制单元和每块玻璃的定位尺寸，根据测量结果校正爪接件定位。爪接件是连接玻璃面板和支承钢结构的桥梁，爪接件的安装情况直接关系到玻璃的安装质量。

⑥ 墙趾安装

玻璃幕墙的墙趾构造，是将不锈钢 U 形地槽用铆钉固定在地梁预埋件上。地槽内按一定间距设置经过防腐处理的垫块，当幕墙玻璃就位，并调整其位置至符合要求后，再在地槽两侧嵌入泡沫棒并灌满胶，最后在室外一侧安装不锈钢披水板。

(3) 索桁架的安装

拉索式点连接玻璃幕墙的施工与设计关系十分紧密，设计时必须预先考虑施工的步骤，尤其必须预先规定好有预应力的张拉步骤，实际施工时必须严格按照规定的步骤进行。如果稍有改变，就有可能引起很大的内力变化，会使支承结构严重超载。因此施工人员必须清楚设计人员的意图，设计人员必须做好透彻、细致的技术交底工作，并在关键的施工阶段亲临现场指导。

索桁架的安装过程，包括索桁架的预拉、锚墩安装、施工临时支承结构的搭建、索桁架就位、预应力张拉、索桁架空间整体位置检测与调整、稳定索安装、驳接系统安装、幕趾安装等。

① 索的预拉

索桁架在施工时必须施加预应力。工程经验表明：施工时施加的预应力，在随后的使用中会逐渐消减。如果施工时对索桁架的钢索进行几次预拉，就可以较好地解决使用中索的预应力松弛现象。具体做法：按设计所需预应力的 $60\% \sim 80\%$ 张拉索桁架的钢索，然后自然放松钢索一段时间。如此重复几次，即可完成索的预拉工作。

② 锚墩的安装

索桁架是张拉结构，必须在主体结构上设置锚墩以承受索桁架中的拉力。一般做法是：先在主体结构的悬挑梁或主梁上安装张拉附梁，然后在梁上设计位置处安装悬挂钢索的锚墩，最后根据钢索的空间位置及角度将锚墩焊接成整体。地锚则直接安装在地锚的预埋件上。

③ 施工临时支承结构的搭建

索桁架作为张拉结构在施加预应力前一般没有固定的几何形状。所以，安装时必须先架设临时支承结构。临时支承结构的形式随索桁架的形式不同而不同。

④ 索桁架就位

借助于临时支承结构，就可以将已经预拉并按准确长度准备好的索桁架就位，再调整到设计规定的初始位置，进行初步固定。这时得到的是索桁架的初始形态。

⑤ 预应力张拉

索桁架就位后，即可按设计给定的次序，使用各种专门的千斤顶进行预应力张拉。张拉过程中要随时监测索桁架的位置变化。如果发现索桁架的最终形态可能和设计差别比较大，在征得设计人员同意后做适当调整，使拉索式点连接玻璃幕墙完成时能够达到预定位置。

对于双层索（承重索、稳定索），为了使预应力均匀分布，要同时进行张拉。理想方案是：全部预应力的施加分三个循环进行，第一个循环完成预应力的 50%；第二、三个循环各完成预应力的 25%。

(4) 钢结构的表面处理

钢结构的表面应进行喷砂除锈处理。防腐底漆采用水性无机富锌涂料，操作过程按有关规定进行，要确保底漆防腐年限不低于 15 年，漆膜厚度不少于 $80\mu m$。

钢结构组合件焊接完后，对焊缝要进行打磨以消除毛刺和尖角，达到光滑过渡。焊缝处理完毕后，应立即对钢结构表面进行防腐、防锈处理，最后采用富铝防火漆对钢结构表面进行现场喷涂。

2. 玻璃面板的安装

玻璃安装的质量直接关系到幕墙建成后的外观效果。

（1）玻璃安装前的准备

① 包装、运输和储存

点支式玻璃幕墙所需的特种玻璃面板，必须在工厂经过严格的工艺流程加工制作而成。玻璃安装前，须运至玻璃中储区保存，以备安装时取用。鉴于玻璃的材质特性，在玻璃的包装、运输和储存过程中须注意以下几点：

a. 为了某些功能要求，许多幕墙玻璃都经过特殊的表面处理，包装时应使用无腐蚀作用的包装材料，以防损坏面板表面。

b. 包装箱上应有醒目的"小心轻放"、"向上"等标志，其图形标志应符合有关规定。

c. 包装箱上应有足够的牢固程度，以保证产品在运输过程中不会损坏。

d. 装入箱内的玻璃应保证不会发生互相碰撞。

e. 运输过程中应避免发生碰撞，轻拿轻放，严防野蛮装卸。

f. 应放在玻璃中储区的专用玻璃存储家上进行保存，并安排专人管理。

g. 钢结构尺寸校核：钢结构尺寸偏差过大会给安装带来困难。玻璃安装前，需要检查校对钢结构的垂直度、爪接件标高等是否符合图纸要求。

② 清理钢结构施工垃圾

玻璃安装前，应用钢刷及布清洁钢槽底部的泥土、灰尘、杂物等。

（2）玻璃的安装

玻璃安装是一项非常细致的工作，安装过程中应注意以下几点：

① 开箱时应检查玻璃规格尺寸。有崩边、裂口、明显划痕等问题的玻璃，不允许安装。

② 必须清洁玻璃与吸盘上的灰尘，以保证吸盘有足够的吸力。吸盘的数量根据玻璃的重量确定，严禁使用吸附力不足的吸盘。

③ 底板钢槽内装入氯丁橡胶垫块，每块玻璃放两块，对应于玻璃宽度距边 1/4 处。

④ 吊运玻璃时，应匀速将玻璃运送到安装位置。玻璃到位时，脚手架上人员应尽早抓住吸盘，控制稳定玻璃，以免发生碰撞，出现意外事故。

⑤ 玻璃稳定后，工作人员应注意保护玻璃。当上部有槽时，让上部先入槽；当下部有槽时，应将玻璃慢慢放入槽中，随即用泡沫填充棒固定住玻璃，防止玻璃在槽内摆动造成意外破裂。

⑥ 中间部位的玻璃预先锁好安装孔，安装时用扣件将玻璃固定在爪接件上。

⑦ 玻璃安装好后，应调整玻璃上下、左右、前后缝隙的大小，拧紧平锥扣件，固定好玻璃。

⑧ 待全部调整完毕后，应进行整体立面平整度的检查，确认无误后才能打胶。

思　考　题

1. 第三代玻璃幕墙点式安装法——拉·维莱特体系与第二代玻璃幕墙点式安装法——平式体系有什么根本的区别?

2. 点支式玻璃幕墙支承结构的分类方法很多,根据支承构件的材料可分为几类?

3. 落地式与吊挂式玻璃肋支承体系分别适用于哪种情况?

4. 点支式玻璃幕墙支承结构中通透性最好的是哪种支承结构形式? 为什么?

第五篇　膜　结　构

第一章 膜结构概述

第一节 膜结构的概念

膜结构泛指所有采用膜材及其支承构件（如拉索、钢骨架等）所组成的建筑物和构筑物。

膜结构是建筑结构中最新发展起来的一种形式。自 20 世纪 70 年代以来，膜结构以其造型新颖、质轻透光等优点在世界范围内得到了推广应用，它的产生与发展是深受 Fuller "少费多用"思想的影响，即充分发挥了材料自身特性，用最少的物质材料建造最大容积建筑，已成为体育建筑、会展中心、商业设施、交通站场等屋盖的主要选型之一。

与传统的刚性结构不同，它是用高强度柔性薄膜材料与支承体系相结合形成具有一定刚度的稳定曲面，能承受一定外荷载的空间结构形式。它是以性能优良的织物为材料，或是向膜内充气，通过空气压力来支承膜面，或是利用柔性拉索或刚性支承结构将膜面绷紧，从而形成具有一定刚度、能够覆盖较大空间的结构体系。

膜结构建筑（Menbrane Structures）于 20 世纪后期成为国际上大跨度空间建筑及景观建筑的主要形式之一，具有强烈的时代感和代表性。它是集建筑学、结构力学、精细化工、材料力学、计算机技术等为一体的多学科交叉应用工程，具有很高的技术含量和艺术感染力、实用性强、应用领域广泛，其发展潜力巨大，将成为 21 世纪空间结构的发展主流。

第二节 膜结构的发展和应用状况

膜结构是一种古老的结构形式，其起源可追溯到远古时代游牧民族利用兽皮等建造的帐篷。而现代意义上的膜结构则是 20 世纪中叶发展起来的一种新型空间结构形式，代表着当今建筑技术与材料科学的发展现代膜结构，一般都以 1970 年日本大阪博览会中的美国馆作为标志。

1. 早期的膜结构

1917 年，英国人兰彻斯特首先提出了利用空气压力差支承帐篷结构的思想，建议用于野战医院，并申请了专利，但是由于当时的技术条件原因没有实现。

1946 年，美国工程师伯德首次建成了一个直径 15m 的充气膜穹顶，由尼龙纤维布制成，用于雷达防护罩，如图 5.1 所示。

德国建筑师奥托无疑是现代膜结构的开拓者。1957 年，他为联邦德国园艺博览会设计的入口挑篷以及多功能建筑，

图 5.1 雷达防护罩

图 5.2　德国慕尼黑奥林匹克中心

通常被认为是最早的张拉式膜结构。

此后，奥托将索网引入薄膜结构，并把物理模型法引进了膜结构的设计，把肥皂泡等应力极小曲面概念用于膜结构的找形，可以把丝网模型或肥皂泡模型精确复制到实际工程的索网和膜结构中。由奥托分别于 1967 年和 1972 年设计的加拿大蒙特利尔博览会德国馆和德国慕尼黑奥林匹克中心，向人们展示了柔性张拉结构的极其丰富的艺术感染力。后来美国的盖格尔-伯格公司采纳了这种技术，并进一步完善发展成无需索网的张拉式膜结构。

2. 充气膜结构

1970 年，在日本大阪世界博览会上，由美国工程师盖格尔设计的美国馆，是准椭圆形空气支承膜结构，首次使用了聚氯乙烯（PVC）涂层的玻璃纤维织物，通常被认为是第一个现代意义上的大跨度膜结构。

图 5.3　大阪世界博览会美国馆

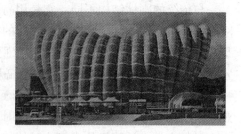

图 5.4　大阪世界博览会富士馆

同时，由川口卫设计的日本富士馆，平面为直径 50m 的圆形，由 16 个直径 4m、高 72m 的气囊式拱构成，拱间由环形水平带箍在一起，并固定在钢筋混凝土环梁上。

大阪博览会闭幕以后，作为临时建筑的美国馆和富士馆都被拆除了。实际上，大阪博览会被普遍认为是把膜结构系统地推向世界的开始，代表了建筑业的一场革命。

20 世纪 70 年代，美国开发了聚四氟乙烯（PTFE）涂层的玻璃纤维织物，具有强度高、耐火性、耐久性、透光性、自洁性好的特点，为膜结构广泛应用于永久性、半永久性建筑奠定了物质基础。

PTFE 于 1973 年首次应用于美国加州拉维恩学院的一个学生活动中心屋顶，此后又相继应用于多个大中型体育建筑的空气支承膜结构中。

类似的大型充气膜结构体育馆在北美就建了九座，但由于空气压力自动调节系统和融雪热气系统性能不稳定，几乎所有的充气膜结构在使用中都出现过问题，轻者屋面下瘪，重者膜材撕裂。

图 5.5 所示 1975 建成的美国密歇根州庞蒂亚克"银色穹顶"，是第一次将承气式膜结构应用于永久性的大型体育馆，在 1985 年冬天的一场大风雪中，"银色穹顶"险些全部倒塌。这些事故引起了人们的关注，甚至对充气膜结构的安全产生了怀疑。1986 年以后，在美国建造的大型体育场馆中就没有采用过充气膜结构。

图 5.5　"银色穹顶"

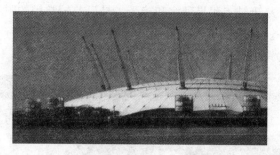

图 5.6　"千年穹顶"

图 5.7　东京后乐园棒球场

图 5.8　日本熊本公园穹顶

虽然充气膜结构发生过几次不愉快的坍塌事故，但是膜结构终于登堂入室，进入永久性建筑的行列。英国伦敦于 1999 年建成的"千年穹顶"，穹顶周长 1km，直径365m，中心高度 50m，12 根穿出屋面高达 100m 的桅杆悬吊着面积 8 万平方米的膜材屋盖，英国国民在此举行了千年庆典。庆典结束，后把"千年穹顶"作为千年发展成就的展览厅。

日本在徘徊了 10 多年后，也在 1988 年修建了采用气承式膜结构的东京后乐园棒球场，采用双层聚四氟乙烯涂层玻璃纤维膜材，中间通循环热空气起到融雪作用，设置了先进的自动控制系统，中央计算机自动检测风速、雪压、膜和索的变形、内力，并选择最佳方案来调节室内气压和消除积雪，从而保证膜结构的正常工作。日本熊本公园穹顶采用了一种新的混合式充气膜结构形式。在中心锥台状框架和外围环形桁架之间分上下两层，各布 48 根辐射状钢索，分别覆以特氟隆涂层玻璃纤维膜材，并向双层膜中输入空气，形成一直径 107m 的双层充气膜结构。熊本穹顶融合了车轮型双层圆形悬索和气胀式膜结构的特点，称为一种新型的杂交结构。圆形屋顶宛如一朵浮云覆盖着体育馆，双层膜之间的充气量远小于对整个室内空间充气的气承式膜结构。一旦漏气，屋盖还可由钢索支承，不至于塌落。

由于昂贵的运转和维持费用，充气膜结构在日本也停步不前。目前，在大跨度结构中已很少采用充气膜结构；在中小跨度建筑和临时性建筑中，充气膜结构仍有一定的应用。

在桁架、网架、拱等刚性构架上覆以薄膜材料的骨架支承膜结构，与常规结构比较接近，易于被工程界理解和接受，是目前较常用的膜结构形式。这类膜结构的工程应用不胜枚举。2002 年韩日世界杯足球赛的 20 个赛场中有 11 个采用了膜结构建筑，其中绝对多数为钢桁架支承的膜结构。

图 5.9　沙特阿拉伯哈吉机场　　　　　　　　图 5.10　沙特阿拉伯利雅得体育场

图 5.11　美国圣地亚哥会议中心　　　　　　图 5.12　美国丹佛新国际机场候机楼

3. 支承膜结构

20 世纪 70 年代，聚四氟乙烯涂层玻璃纤维膜材的开发极大地推动了张拉式膜结构的应用。

1981 年建成的沙特阿拉伯哈吉机场，由 10 组共 210 个锥体组成，每个锥体的平面投影尺寸为 45m×45m，总面积约 42 万 m^2，目前仍是规模最大的膜结构。

1985 年建成的沙特阿拉伯利雅得体育场，直径 288m，由 24 个形状完全一样的锥状悬挑单元组成，每一单体由一根直径 2m、高 60m 的中央支柱支承，外缘通过边索张紧在若干独立的锚固装置上，内缘张紧于直径 133m 的中央环索。

1990 年建成的美国圣地亚哥会议中心，其展览大厅膜结构屋盖由 5 个单体组成，每个单体由两根"飞柱"顶起形成双伞状，有美国的"悉尼歌剧院"之美称。

1994 年建成的美国丹佛新国际机场候机楼屋盖，由 17 对帐篷膜单元组成，宽 67m，长 274m，帐篷面积约 1.8 万 m^2，膜材双层，间距 600mm，中间可通热空气用于冬季融雪。该工程被公认为寒冷地区大型封闭式张拉膜结构的成功典范。

韩国首尔世界杯主体育场，采用了钢管桁架加斜拉索的结构体系，外形采用韩国的传统器皿——八角母盘的形状为基础，整体线条优美大方。

1990 年建成的圣彼得堡桑德穹顶。由富勒与放射状多段式张弦梁得到启发的缆索穹顶,代替空气压力,由索和支柱支承膜曲面。

　　德国斯图加特戈特利布戴姆勒体育场,此前叫作纳卡体育场,修建于 1933 年,是欧洲最大规模的膜结构之一,两主轴长度分别为 200m 和 280m,罩棚最大悬挑达 58m,结构由 40 榀辐射状索桁架及沿周围的两道箱形受压钢圈梁组成,钢圈梁支承在间距 20m 的箱形钢柱上。1949~1951 年在主看台对面修建了一个敞开式看台,随后体育场几次扩建。1990 年这里已经成为一座现代化体育场。早在 1999~2001 年,体育场为了达到承办世界杯赛标准而再次升级,2004 年初完成了最后整修。

图 5.13　韩国首尔世界杯主体育场

图 5.14　圣彼得堡桑德穹顶

图 5.15　德国斯图加特戴姆勒体育场

图 5.16　首尔奥运会的体操馆

　　综上所述,充气膜结构是膜结构发展最初阶段的主要形式。到 20 世纪 80 年代后期,张拉式膜结构及由钢索、刚性构件等为支承骨架的膜结构逐渐取代充气结构成为薄膜结构发展的主流。

　　由盖格尔提出的索穹顶结构是薄膜结构的一种新形式,由一系列连续的拉索和数量较少的压杆构成主要受力体系,覆以薄膜材料构成完整的屋盖结构。索穹顶结构也可认为是以索系和压杆构成的预应力体系为支承骨架的骨架支承膜结构。

　　自从 1988 年首尔奥运会的体操馆和击剑馆中首先使用索穹顶结构后,索穹顶结构又相继在以下场馆应用：美国偌默尔市伊利偌斯州立大学红鸟竞技场、美国佛罗里达州太阳海岸穹顶等。

马来西亚科隆坡体育场，为保护露天体育场所有正面看台不受阳光直射和雨淋，采用了环形索膜结构，从而创造出 3.8 万平方米的无柱有顶空间，成为世界上此种类型的最大的膜结构。屋顶由看台后沿的混凝土结构支撑，悬挑长度均为 62m，屋顶结构为 36 条索构架在一个外部钢制压力环和两个内部拉力环之间呈放射状布置。外部压力环是直径为 1400mm 的钢管，安放在 36 个 V 形柱上。这些 V 形柱又放在混凝土结构上并稍微向外倾斜，V 形柱两端都是铰接，以使压力环径向可以轻微移动。内部拉力环由直径 100mm 的绳索构成，两个拉力环的垂直距离为 20m，并由 36 根钢制支柱相连，这些支柱的端部与拉力环上的铸钢节点连接。整个结构体系被施加预应力，以使建筑在频繁的风力及其他荷载作用下保持稳定。

图 5.17　马来西亚科隆坡体育场　　　　　图 5.18　闭合状态的德国汉堡网球场

4. 用于可开合屋盖的膜结构

可开合屋盖结构是随着现代体育建筑使用功能要求的提高而发展起来的一种新型结构形式。由于具有自重轻这个显著特点，薄膜材料在可开合屋盖应用上具有独特的优势。

早期的可开合屋盖主要利用屋面膜材的展开与折叠，通过桅杆、钢索及简单的装置实现屋盖结构的开合。缺陷：在使用中受气候条件的影响而使开合运行出现故障，甚至造成膜材撕裂。

目前的大型可开合屋盖基本上都采用拱架、网壳、平板网架等刚性结构作为移动屋盖单元的受力结构，屋面材料包括膜材、金属板及其他轻质材料。

1976 年建成的加拿大蒙特利尔奥林匹克体育馆，通过在悬臂斜柱上悬挂斜拉索，将膜屋面收缩于柱顶位置。

德国汉堡网球场，可缩进的膜结构棚盖可以在任何恶劣的天气时将棚盖关上；在天气转好时打开。以确保在任何季节里网球比赛的举行，或避免重要赛事的中断或延迟。此建筑充分发挥了索膜结构重量轻、造型灵活的优点。整结构展开面积约 $10000m^2$，采用 PVC（PVDF 面层）膜材，并且选用能够满足要求的最薄的型号。

日本大分体育场新建于 2001 年 3 月，直径达 274m，屋盖结构由单层网壳、纵向大拱及 13 道横向拱组成（7 道完整拱，6 道被中央开口环形桁架所截断），可滑动的闭合式顶棚与固定屋盖共用支承结构，屋盖开启时沿 7 道完整拱移动。覆盖率 100%。

　　为迎接 2006 年在德国举行的世界杯足球赛，使法兰克福森林体育场根据气候条件在短时内得到屋面覆盖，这里采用了钢索膜屋顶结构。薄膜屋面收缩折叠后，可存放在钢索承重结构的中心部位。

　　美国格伦代尔新落成的卡迪纳尔大型体育场，其特征集中体现在两个可活动的部分上：收放式草坪运动场和屋顶。织物屋顶呈半透明，由两块能伸缩的巨大嵌板组成。

　　雅典奥运会开幕式及闭幕式的"Spyridon Louis"体育场顶棚是动感悬浮结构。两个拱形门纵向横跨体育场上方，各自支撑一座圆形顶棚。顶棚靠双拱门的支撑悬在空中。钢缆将两个巨大的金属拱门连在一起。

图 5.19　迪拜的阿拉伯塔酒店

5. 其他有代表性的膜结构

　　膜结构大多用于大跨度的体育、文化、展览、交通等大型公共建筑，当然也有大量规模较小而造型各异的膜结构用于各类建筑小品与景观设施。

　　位于阿联酋迪拜的阿拉伯塔酒店，则是膜结构应用于高层建筑的一个例子。

6. 我国有代表性的膜结构工程实例

　　膜结构在我国的起步较晚，中国的膜结构与国外先进水平还有较大的差距。1996 年前，膜结构在中国几乎是空白。20 世纪 60 年代，在上海展览馆建造了一个临时性的充气膜结构以后，很长时间没有什么进展。

图 5.20　上海八万人体育场

图 5.21　上海虹口体育场

图 5.22　长沙世界之窗五洲大剧院

图 5.23　青岛颐中体育场

1995 年建成的北京房山游泳馆和鞍山农委游泳馆，两个都是充气膜结构。这是国内首次将膜结构正式应用于工程。

1997 年完工的上海八万人体育场被公认为中国膜结构的起始点，是我国首次将膜结构应用于大型永久性建筑，看台挑篷是由径向悬挑桁架和环形桁架支承的 59 个连续伞形薄膜单体组成的空间屋盖结构，平面轮廓尺寸 274m×288m，最大悬挑长度 73.5m，覆盖面积 36000m²，开创了我国大型膜结构建筑的先河。

建于 1999 年的上海虹口体育场，采用鞍形大悬挑空间索桁架支承的膜结构，平面轮廓尺寸 204m×214m，最大悬挑 60m，覆盖面积 26000m²，可容纳观众 36000 人。虽然以上两个体育场膜结构的设计、安装都主要借助于外国的力量，但是对于中国膜结构的发展影响深远，拉开了膜结构在中国广泛应用的序幕。

建于 1997 年的长沙世界之窗剧场五洲大剧院屋盖，是我国第一个主要依靠自己的技术力量设计建造的大型膜结构工程。建筑平面近似为扇形，膜后端与已有的建筑物山墙相连，膜结构部分由 5 个跨度不等、高度不等的双伞状膜单元组成，双伞状膜单元由两根内柱顶起，最大跨度 86m，最高柱顶标高 28m，覆盖面积 6100m²，施工时通过顶升内柱给膜结构施加整体预应力。

图 5.24 威海市体育中心体育场

图 5.25 海南博鳌亚洲论坛主会场

图 5.26 浙江义乌体育场

图 5.27 浙江大学紫金港校区风雨操场

建于 2000 年的青岛颐中体育场，可以容纳观众 6 万名，平面是由 86m 长的直段和两端半径 90m 的半圆弧组成的拟椭圆形，看台罩棚是由 60 个锥形膜单元与内环梁、外环钢桁架组成的整体张拉式膜结构，最大悬挑 37m，覆盖面积 30000m²，是继上海体育场之后国内最大的膜结构工程。该工程在国内首次采用了对内环整体提升、膜单元高空展开就位的施工方法。

图 5.28 芜湖体育场

建于 2001 年的威海市体育中心体育场看台是我国最大的张拉式膜结构之一，平面近似椭圆形，轮廓尺寸 209m×236m，覆盖面积 15300m²，由 34 个连在一起的形状渐变的单桅杆伞形膜结构单元组成。每个伞形单元由中央桅杆、前后脊索、边脊索、谷索、前后边索和薄膜等构件组成，膜单元最大悬挑长度 30m，最小 17m。膜材为涂覆 OVC 外加 PVDF 面层的聚酯织物。

建于 2001 年的海南博鳌亚洲论坛主会场，平面大致呈 65m×60m 的矩形，采用脊谷张拉式膜结构，中央由 6 根支柱支撑，周边采用撑杆加拉索。在膜结构安装接近完工时，为满足业主提出的增加覆盖面积的要求，在不影响原结构造型和受力状态的前提下，实现了膜结构柔性边界的接长技术。近 4000m² 的膜结构从签订合同到竣工仅耗时 40 天。

建于 2001 年的浙江义乌体育场挑蓬由两片沿主看台对称布置的梭状膜结构组成，覆盖面积 16000m²。由钢桁架、内边索、上拉索及灯光塔共同组成主要的受力骨架，桁架最大悬挑 49m。每边膜结构由大小不等的 13 个波浪式膜单元组成，波峰是钢桁架，波谷是谷索，膜单元在两桁架之间通过谷索张拉成形。钢桁架与谷索一端与看台钢筋混凝土框架外环柱连接，另一端与内边索相连，内边索再由上拉索与两边的灯光塔架连接。

建于 2002 年的浙江大学紫金港校区风雨操场，屋面包括 8 片贝壳形峰膜、7 片月牙形谷膜及 2 片端膜，峰膜、谷膜相间，端膜落地，峰膜、谷膜是骨架支承膜结构，支承骨架是钢管拱，端膜是张拉膜。

建于 2003 年的芜湖体育场膜结构罩棚是继青岛体育场之后国内又一个大型整体张拉式膜结构。平面轮廓尺寸 225m×254m。东西两边由 46 个 V 形支架支撑两个三角形桁架拱组成两个柱面壳体作为支承体系，下吊 40 个大小、高低均匀变化的锥形膜单元，西侧看台悬挑 57m，东侧看台悬挑 39m。

图 5.29 上海国际赛车场

图 5.30 杭州游泳馆网球馆

上海国际赛车场是为承办 F1 赛事而兴建的国内第一个标准化一级方程式赛车场，其膜结构副看台独具特色，全长 288m，由 26 个独立的膜结构单体组成，建筑师取意于荷花，单体膜平面投影为椭圆形，立面呈不对称漏斗形，相邻单体落差 2.5m，沿副看台高低错落，一字排开。

杭州游泳馆网球馆是目前国内最大、全封闭式的双层膜结构工程。其造型独特起伏，如披洁白裙衫。具有保温、防结露、透气性

图 5.31 宝安体育场

强、节能等突出特点。整体结构轻盈飘逸，堪称城市中一道亮丽的风景线。

宝安体育场屋盖系统采用先进的索膜结构，轻巧、通透、无压迫感。屋顶采用膜覆盖，没有围护结构。体育场外围设计为钢管"竹林"，既承受屋盖的重量，又有节节高的寓意。

除上面列举的几个工程外，我国规模较大的膜结构还有：作为文化、会展设施的深圳华侨城欢乐谷中心表演场、广州番禺香江野生动物园表演场、大连金石滩影视艺术中心、郑州杂技馆、昆明世界园艺博览园艺术广场、南宁国际会展中心主厅、三亚美丽之冠文化会展中心、广州黄埔体育场、烟台体育中心体育场、武汉体育中心体育场、郑州航海体育场、重庆涪陵体育场、秦皇岛体育中心体育馆、扬州体育场、嘉峪关体育场、成都中国死海漂浮运动水上乐园、广州增城碧桂园候车长廊、葫芦岛站台、广州新白云机场航站楼屋面采光带、门厅及连接楼屋面等。

近几年来，由于受国外建筑的影响以及先进技术的引进，在膜结构应用上呈现了活跃的趋势，以体育场为主，一批不同跨度、形式各异的膜结构已在全国各地建成，总面积已达到 100 万 m^2，并且以每年 20％的速度增长。

第三节 膜结构的特点

1. 膜结构的优点

（1）自重轻：膜结构比传统结构轻一个或几个数量级，单位面积的结构自重与造价也不会随跨度的增加而明显增加。

（2）艺术性：造型优美、富有时代气息、色彩丰富，在灯光的配合下易形成夜景，给人以现代美的享受。

（3）减少能源消耗：透光率在 7％～20％左右，可充分利用自然光，白天使用不需人工照明；膜材料对光的折射率在 70％以上，在日光灯照射下室内形成柔和的散光，给人以舒适、梦幻般的感受。

（4）施工速度快：膜片的裁剪制作、钢索和钢结构的制作均在工厂内完成，可与下部钢筋混凝土结构同时进行，在现场的施工比较迅速、快捷。

（5）经济效应明显：虽然膜结构的一次投资稍大，但日常维护费用极小，被称为"免维护结构"，因此从长远来看，经济效果非常明显。

（6）施工快：易做成可拆卸结构便于运输，可用作巡回演出、展览等。

（7）使用范围广：从气候条件看，它适用于从阿拉斯加到沙特这样广阔的地域；从规模上看，可以小到单人帐篷、花园小品，大到覆盖几万、几十万平方米的建筑。甚至有人设想覆盖一个小城，实现人造自然。

（8）使用安全、可靠：由于自重轻，抗震性能好；膜结构属于柔性结构，能够承受很大的位移；膜材料都是阻燃材料，不易造成火灾。

（9）自洁性：膜材的表面涂层，具有良好的非黏着性，大气中的灰尘及脏物不易附着与渗透，而且其表面的灰尘会被雨水冲刷干净，长年使用后，仍能保持外观的洁净及室内的美观。

2. 膜结构的缺点

（1）膜材的使用寿命一般为 15～25 年，与传统的混凝土或钢材相比，仍有相当差距。

（2）单层膜结构的保温隔热性能与夹层玻璃大致相当，对保温性能要求较高的建筑多采用双层膜或多层膜，但这样又会影响膜结构的透光性。

（3）膜结构的隔音效果差，单层膜结构往往用于对隔音要求不是太高的建筑。

（4）膜结构抵抗局部荷载作用的能力较弱，屋面在局部荷载作用下会形成局部凹陷，造成雨水和雪的淤积，产生"袋状效应"，严重时可导致膜材的撕裂破坏。

（5）膜结构还面临突出的环保问题。目前使用的大多数膜材都是不可再生的，一旦到达使用年限，拆除的膜材就成为城市垃圾，无法处理。

第四节 非织物类膜结构——ETFE 膜结构

目前人们概念上的膜结构通常指织物类膜结构，世界各国的膜结构规范、设计指南也都是关于织物类膜结构的。本书有关膜结构的内容也均针对织物类膜结构，而不涉及 ET-FE 膜结构。

ETFE 膜结构是一种新型的膜结构形式，其材料特性、应用形式、工作原理均与织物类膜材有较大区别。

目前，ETFE 膜结构的应用主要集中在欧洲，而在织物类膜结构应用十分广泛的日本、美国的应用也很少，在我国的工程应用不多，规模最大的是水立方。

1. ETFE 膜材的特点与材料性能

（1）ETFE 的中文名是乙烯-四氟乙烯共聚物。

（2）ETFE 是一种无色、透明的颗粒状结晶体，用于建筑工程的 ETFE 膜材是由其生料加工而成的薄膜。厚度通常为 0.05～0.25mm。

（3）ETFE 膜材具有很好的稳定性和耐久性，正常使用寿命约 30 年。

（4）ETFE 膜材很轻，密度约有 $1.75g/cm^2$。

（5）ETFE 膜材通常呈无色透明状，也可以做成白色，并可根据需要在透明或白色膜材上印刷不同的颜色和图案，从而调节进入建筑物内的光线。

（6）ETFE 膜材具有极高的透光性，以 0.2mm 厚的膜材为例，单层透明膜材的透光率高达 95％，白色膜材则为 50％～55％。

（7）应力-应变关系曲线：常温下应力小于 20MPa 时，ETFE 膜材的应力应变关系呈线弹性，张拉模量约 1000MPa；屈服应力在 25MPa 附近进入塑性强化阶段，直至拉断；极限抗拉强度约 45～50MPa，伸长率 300％以上。

（8）ETFE 膜材具有良好的抗撕裂性能，撕裂强度约 500MPa。

（9）ETFE 为阻燃材料，熔点 275℃，即使在火焰中，膜材热熔后虽然会收缩，但无滴落物。

（10）ETFE 膜材具有很好的自洁性、柔韧性和可加工性，它还可被热熔成颗粒状并重新整合，因此具有可回收性。

2. ETFE 膜材的应用形式

（1）ETFE 膜材可以像织物类膜材一样，以单层张拉的方式应用于实际工程。尽管 ETFE 本身的抗拉强度并不低，但由于做成的膜材很薄，因而 ETFE 膜材单层张拉时的结构跨度比织物类膜材小得多。

（2）ETFE膜材更普遍的应用方式是做成双层或多层的充气枕。

（3）空气压力使ETFE薄膜产生张力，形成初始形状并提供气枕的刚度。充气枕的经济跨度一般为3～5m，气枕的内压通常在200～750Pa之间。

（4）理论上讲，ETFE气枕可加工成任意形状，较为常见的是矩形，其他形状（如圆形、椭圆形、六边形、八边形及其他多边形）都是容易实现的。

（5）相同或不同形状的多个气枕通过刚性构件或索网组合起来可用于覆盖大空间。

（6）气枕还具有良好的保温隔热功能。

（7）气枕的内压需要随外荷载的变化而有所调节。如在强风或降雪时，需要增加内压以增强气枕的刚度和承载能力，避免膜面因受压而出现褶皱甚至导致膜面翻转。

（8）气枕内压对温度变化十分敏感。在冬夏两季必须通过充气或放气来调整内压。此外，还要考虑昼夜温差的影响。

（9）因此，带气枕屋盖的建筑在日常使用中，内压必须有一定的控制标准，气枕的内压监控和充放气设备的运行必须得到可靠保证。

图 5.32 英国伊甸公园

图 5.33 德国世界杯展示足球

图 5.34 瑞士苏黎世马索拉热带雨林公园

图 5.35 德国慕尼黑体育场

3. ETFE膜结构的应用实例

ETFE膜结构在国外的工程应用始于20世纪80年代初，近几年特别在欧洲地区的发展十分迅猛。目前，世界上主要的ETFE制作安装公司也大多集中在欧洲。

下面介绍几个典型的工程实例。

建于 2001 年的英国伊甸公园穹顶是目前已建的最著名、影响最大的 ETFE 工程。ETFE 气枕覆盖于 8 个大小不同的双层球面网壳，网格构成类似于蜂窝形三角锥网架，总面积达 29200m²；气枕单元由三层膜组成，膜材厚 0.05～0.2mm，气枕形状有六边形、五边形及三角形，其中六边形单元的对角尺寸达 11m。气枕内压为 200～600Pa。由于 ETFE 膜材自重很轻，双层网壳按展开面积计每平方米的用钢量不到 24kg。

德国世界杯展示足球，由 20 个六边形和 12 个五边形组成，与一般传统足球的形式一样。2003 年随"2006 年世界杯推广活动"在欧洲巡回展出。内部为双层多媒体展馆，表面覆盖 ETFE 膜材，夜晚会以不同的颜色展现世界地图。

2003 年开放的瑞士苏黎世马索拉热带雨林公园，平面尺寸 90m×120m，下部结构为曲线拱桁架，三层膜组成的 ETFE 气枕覆盖屋面 11400m²、墙面 3200m²，屋面气枕的外层膜厚 0.2mm、中间层 0.1mm、内层 0.18mm，自重 810g/m²，墙面气枕的外层与中间层膜厚与屋面气枕相同，内层厚 0.15mm，自重 760g/m²。

安联球场位于德国慕尼黑，建成于 2005 年。安联球场的绰号叫"充气船"。这来源于它与众不同的形状和它表面的 2800 多块 ETFE 材料充气板。与巴塞尔运动场一样，这个足球场的"皮肤"在夜间能够发光，根据比赛的球队不同而呈现红色、白色或蓝色。

德国汉诺威体育场采用了单层 ETFE 膜材，总面积 11000m²，是目前世界上最大的单层 ETFE 膜材建筑物。

图 5.36 德国汉诺威体育场

图 5.37 "地球公园"

图 5.38 成吉思汗后裔帐篷娱乐中心

图 5.39 国家水上运动中心"水立方"

"地球公园"位于爱荷华州的佩拉（Pella），是一个美国风格的"伊甸园"（Eden Project）温室。它使用 ETFE 材料做顶篷，在 70 英亩的土地上模仿三种亚马孙气候。ETFE

图 5.40　南通博览园温室工程

材料的绝缘性也增强了这个工程的"绿色"因素。"地球公园"于 2010 年完工。

成吉思汗后裔帐篷娱乐中心，位于哈萨克斯坦的首都阿斯塔纳，是一个占地 1076000 平方英尺的帐篷形娱乐设施，以 ETFE 材料做"帐篷"，里面布置商店、咖啡馆和影剧院等设施，还有一个公园。

北京国家水上运动中心"水立方"，采用了由"气泡理论"衍生的多面体空间刚架结构，墙面和屋顶使用了 4000 块 ETFE 充气枕覆盖，是目前使用这种材料最大的工程，也是世界上最节能的建筑物之一。它由总部设在悉尼的 PTW Architects 建筑事务所设计。墙面采用了 16 种不同形状的气枕类型，屋面有 9 种，形状包括三角形、四边形、五边形、六边形、七边形等。

南通博览园温室工程，为第五届江苏省园艺博览会主会址，工程的主体为一半卵形 ETFE 充气膜结构。上下膜材采用 $250\mu m$ 厚度（型号 250NJ）透明 ETFE 膜材，中间设 $100\mu m$ 厚度的印刷圆状图案的 ETFE 膜材。整个顶棚三层膜布总展开面积约 4527m²，单层展开面积为 1528m²。

深圳东部华侨城大峡谷海洋广场室内水公园，是三层 ETFE 充气膜结构，扇形开启，呈一个大海贝形状，规模：8000m²，其外观为椭球形，主体长 128m，跨度 53m，高度约 22m，是大跨度开合屋盖结构。结构形式采用单层网壳轻钢结构，屋面采用 ETFE 充气膜结构。主体钢构上焊接支撑件以支撑上部 ETFE 充气膜结构。上下膜材采用 $250\mu m$ 厚度 ETFE 膜材，（其中外层膜为浅蓝色，内层膜为透明膜），中间设 $100\mu m$ 厚度的透明 ETFE 膜材。屋面系统采用专用机械设备，通过充气管道，向 ETFE 气枕系统输送满足压力要求的空气。在固定扇部分设置气膜开启扇，用于夏季的自然通风。

思　考　题

1. 织物类膜结构有什么优缺点？
2. ETFE 膜材与织物类膜材相比，有什么优点？

第二章 膜结构的形式与选型

第一节 膜结构的形式和分类

膜结构的结构形式千变万化，分类方法与标准也各不相同，比较传统的一种分类方法是将膜结构分为充气膜结构和支承膜结构，支承膜结构又分为骨架式支承膜结构和张拉式支承膜结构。

我国《膜结构技术规程》CECS158：2004 根据膜材及相关构件的受力方式分为整体张拉式膜结构、骨架支承式膜结构、索系支承式膜结构和空气支承膜结构四种形式。

1. 整体张拉式膜结构

整体张拉式膜结构是由索网结构发展而来的，指依靠薄膜自身的预张力与拉索、支柱共同作用构成的结构体系。整体张拉式膜结构的基本组成单元包括支柱（桅杆或其他刚性支架）、拉索及覆盖的膜材，利用拉索、支柱在膜材中引入预张力以形成稳定的曲面外形。由桅杆等支承构件提供吊点，并在周边设置锚固点，通过预张拉而形成稳定的体系。这种膜结构由索和膜构成，两者共同起承重作用，通过支承点和锚固点形成整体。

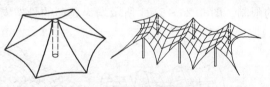

图 5.41　整体张拉式膜结构

整体张拉式膜结构包括悬挂式膜结构和复合张拉膜结构。

（1）悬挂式膜结构：薄膜为主要受力构件，基本单元的曲面形式一般为简单的双曲抛物面或类锥形悬链面（帐篷单元、伞形单元），通常悬挂于桅杆或其他刚性支架之下，因此也称为悬挂式膜结构。

受膜材强度和支承结构形式的限制，悬挂式膜结构多用于中小跨度建筑，用于大型建筑时通常需通过多个单元的组合。图 5.9～图 5.12 所示都是由多个伞形单元组合而成的张拉式膜结构。

图 5.42　蒙特利尔博览会德国馆

（2）复合张拉膜结构：是由预应力索系与张拉薄膜共同工作组合而成的。复合张拉膜结构通过索系对整体结构施加预应力，预应力索系是主要受力结构，主要承受整体荷载，而膜材主要承受局部荷载。

复合张拉膜结构综合了索系结构与薄膜结构的特点，受力合理，适用于较大的跨度。图 5.42 所示蒙特利尔博览会德国馆就是一个典型的例子。

　　总而言之，整体张拉式膜结构是通过拉索将膜材料张拉于结构上而形成的构造形式。由于膜材是柔性结构，本身没有抗拉、抗压能力，抗弯能力也很差，完全靠外部施加的预应力保持形状，即使在无外力且不考虑自重的情况下，也存在着相当大的拉应力。膜表面通过自身曲率变化达到内外力平衡，具有高度的形体可塑性和结构灵活性，是索膜建筑的代表和精华。

2. 骨架支承式膜结构

　　骨架支承式膜结构是指以刚性结构（通常指钢结构，如拱、刚架）作为承重骨架，在骨架上布置按设计要求张紧的膜材的结构形式。

　　由钢构件中其他刚性构件（如拱、刚架）作为承重骨架，在骨架上布置按设计要求张紧的膜材，后者主要起围护作用。形态由平面形、单曲面形和以鞍形为代表的双曲线形。

　　（1）常见的骨架结构包括桁架、网架、网壳、拱等。

　　（2）形态由平面形、单曲面形和以鞍形为代表的双曲线形。

　　（3）骨架支承膜结构中刚性骨架是主要受力体系，膜材仅作为围护材料，计算分析中一般不考虑膜材对支承结构的影响。

　　（4）骨架支承膜结构与常规结构比较接近，设计、制作都比较简单，易于被工程界理解和接受，工程造价也相对较低。

　　（5）这类结构中的薄膜材料本身的结构承载作用没有得到发挥，跨度也受到支承骨架的限制。图 5.20～5.21 所示均为典型的骨架支承式膜结构。

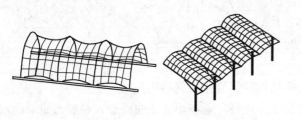 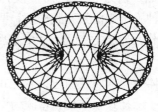

图 5.43　骨架支承式膜结构　　　　　　图 5.44　索系支承式膜结构

3. 索系支承式膜结构

　　索系支承式膜结构是指由索系和压杆构成的预应力索杆体系为支承骨架，并在其上敷设张紧膜材的结构形式，也有文献将其归为骨架支承式膜结构的一种。由空间索系作为主要承重结构，在索系上布置按设计要求张紧的膜材。

　　（1）这种膜结构主要由索、杆和膜构成，三者共同起承重作用。在通常所说的张拉整体结构中，如采用膜材，就属于索系支承膜结构。

　　（2）由于目前真正在实际工程中实现的张拉整体结构只有索穹顶结构，因此，这里的索系支承膜结构实际上就是指索穹顶结构。

　　（3）索穹顶结构是目前最先进的一种大跨度空间结构形式，但成形及受力分析复杂，施工难度大，技术条件要求较高。

4. 空气支承膜结构

　　也称充气结构，是利用薄膜内外的空气压差来稳定膜面以承受外荷载的结构形式。

具有密闭的充气空间，并设置维持内压的充气装置，借助内压保持膜材的张力，形成设计要求的曲面。

向由膜结构构成的室内充入空气，使室内的空气压力始终大于室外的空气压力，使膜材料处于张力状态来抵抗负载及外力的构造形式有单层结构和双层结构两种。

根据薄膜内外的压差大小，空气支承膜结构可分为气承式和气囊式两类。

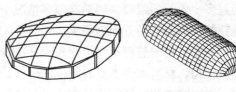

图 5.45　空气支承膜结构

（1）气承式膜结构的内外压差约为 $0.1\sim1.0\text{kN/m}^2$，属低压体系，是单层结构。

方法：通过压力控制系统向封闭的建筑物室内充气加压，使室内保持一定的压力差，一般只需室内气压比大气压提高约 0.3% 就能使膜面膨胀，对室内环境不会产生什么影响，膜体产生一定的预张力从而保证体系的刚度。室内需设置气压自动调节系统，根据实际情况调整室内气压，以适应外部荷载的变化。

从以上工程实例中可以看出：这些气承式膜结构的膜面上都布置了网状钢索，这些钢索主要起加劲作用，与张拉式膜结构中主要受力构件的钢索的作用是不一样的。

承式膜结构的跨度可达到 70m，如果膜面上设置交叉钢索加劲，跨度可达到 300m。

气承式膜结构具有大空间、重量轻、建造简单的优点，但需要不断输入超压气体及日常维护管理。

（2）气囊式膜结构：囊中气体压力约为 $300\sim700\text{kPa}$（3～7 个大气压），属高压体系，是双层结构。

方法：通过向单个特定形状的封闭式气囊（通常为管状构件）内充气，形成具有一定刚度和形状的膜构件，再由多个膜构件进行组合连接，从而形成一定形状的整体结构。

气囊式膜结构是在双层膜之间充入气体，和单层相比，可以充入高压气体，形成具有一定刚性的结构，而且进出口可以敞开。

第二节　膜结构的选型

目前，充气膜结构除了在某些特殊领域应用外，大部分已被支承膜结构所取代。主要原因是充气膜结构的维护，特别是多雪等恶劣气候条件下的围护存在很大的困难，造型也受到一定的限制，平面一般都为圆形或椭圆形。但是，充气膜结构是否有前途仍是个有争议的问题，当用于超大跨度结构时，充气膜结构在经济上的优越性十分明显。

（1）在支承膜结构中，支承体系决定了膜结构的形式，因此在考虑支承结构的布置时就必须考虑到膜面造型的可能性，也就是说，支承膜结构的选型离不开支承结构。

（2）在骨架支承式膜结构中，膜材只是围护材料，结构的形式、跨度均取决于网架、网壳、拱等骨架结构。

（3）在整体张拉式膜结构中，薄膜材料既起到了结构承载的作用，又具有围护功能，充分发挥了膜材的结构功能。可根据平面形状、边界条件、建筑造型、建筑功能等多种因素确定合理的结构形式，结构造型丰富，富于表现力，可以说是最具创意的膜结构形式。

常见的张拉式膜单元包括双曲抛物面鞍形单元、类锥形伞状单元或双伞状单元，由于受膜材强度的限制，这些单元的跨度不可能太大，用于大跨度、大覆盖面积的建筑时，需要通过多个单元的组合。当然在很多情况下，多个单元的组合并不是出于结构上的考虑，而是建筑功能及造型方面的要求。

（4）膜结构的选型不仅由建筑设计决定，还受到结构受力状态的制约。因为膜结构属于柔性结构，材料本身不具有刚度和形状，必须通过施加预应力，才能获得结构的刚度和形状，而不同的初始预应力分布，又将导致不同的结构初始形状。

（5）张拉式膜结构应尽量避免做成大面积的平坦曲面，即膜结构的初始形状应保证具有一定的曲率。因为膜材只能承受面内拉力，膜结构在面外荷载作用下产生的弯矩、剪力需通过膜面的变形转换成面内拉力，曲面平坦时，会造成很大的面内拉力，同时扁平曲面的找形也非常困难，会造成初始预应力分布的极端不均匀。

（6）在膜结构的选型时，还应根据建筑物的使用特点，合理确定排水坡度，确保膜面排水顺畅；在雪荷载较大的地区，应尽量采用较大的膜面坡度，以避免或减少积雪，并应采取必要的防积雪和融雪措施。

思 考 题

1. 根据膜材及相关构件的受力方式，膜结构可以分为哪几种形式？
2. 什么是整体张拉式膜结构？整体张拉式膜结构包括哪几类？请详细叙述。
3. 了解并掌握骨架支承式膜结构中膜材的作用。
4. 索系支承式膜结构的主要受力构件是什么？
5. 根据薄膜内外的压差大小，空气支承膜结构可分为气承式和气囊式两类。请说明设计这两类空气支承膜结构的方法。
6. 为什么充气膜结构大部分已被支承膜结构所取代？

第三章 膜结构的荷载与一般设计原则

第一节 荷 载 与 作 用

膜结构中钢结构部分的荷载及荷载效应组合应按《建筑结构荷载规范》GB 50009 进行计算，这里主要介绍作用于膜结构的荷载及作用。膜结构设计应考虑恒荷载、活荷载、风荷载、雪荷载、预张力、气压力等荷载以及温度变化、支座不均匀沉降等作用。

（1）恒荷载：包括膜的自重、增强材料及连接系统的自重，固定设备的自重（照明设备、吊灯材料等）。

（2）活荷载：常被考虑为施工荷载，膜面活荷载标准值可取 $0.3kN/m^2$，应考虑活荷载的不均匀分布对膜结构的不利影响。

（3）风荷载：是膜结构设计中的主要荷载，膜材应具有一定的曲率及预张力以抵抗风荷载。风荷载的取值可按荷载规范进行，但膜结构的外形变化十分丰富，风荷载体型系数应通过风洞试验或专门研究确定，有条件时也可通过分析研究确定，同时还应根据建筑物的敞开或封闭而有不同的考虑。

膜结构自重轻，属风敏感结构，在风荷载作用下容易产生较大的变形和振动，应考虑风荷载的动力效应。但是，目前对膜结构风振问题的研究还处于起步阶段，研究成果还不成熟。利用风振系数描述结构在风荷载作用下的最大可能响应与平均风响应之比，方法简单，便于工程设计应用，但是对于形状各异的膜结构，很难确定统一的风振系数。《膜结构技术规程》指出：对于形状较为简单的膜结构，可以采用风振系数考虑结构的风动力效应；对于骨架支承式膜结构，风振系数可取 1.2～1.5；对于整体张拉式伞形、鞍形膜结构，风振系数可取 1.5～2.0；对于体型复杂、跨度较大或重要的膜结构建筑，风荷载动力效应可通过气弹性模型风洞试验进行评估，或由专业人员通过随机动力分析方法计算确定。

（4）雪荷载：雪荷载分布系数可按荷载规范采用，但由于膜结构的外形比较复杂，雪荷载分布往往不太均匀，比如低洼处雪荷载的分布会比其他地方多，设计中应考虑雪荷载的不均匀分布对膜结构的不利影响。在满足建筑功能要求的前提下，可采用较大的屋面坡度，以防止膜面积雪；对于雪荷载较大的地区，最好采取一定的融雪措施。

（5）预张力：对整体张拉式膜结构和骨架支承式膜结构，应考虑膜材中引入的初始预应力值。初始预张力值的设定应保证膜材在正常使用状态下不会因温度、徐变、荷载作用等原因发生松弛而出现褶皱，同时保证膜材在短期荷载（如强风）作用下的最大应力小于容许应力。初始预张力值的选取与膜材种类、曲面形状等因素有关，设计中通常由工程师凭经验确定，对常用建筑膜材，初始预张力不低于1kN/m。预张力选取是否合适，需要由荷载分析结果来衡量，往往需要几次调整才能得到合理的取值。

（6）气压力：对于空气支承膜结构，应考虑结构内部的气压。内压在空气支承膜结构中起到维持结构形状并抵抗外荷载的作用，同时它也是作用在结构上的荷载。空气支承膜结构内压的确定应保证结构在各种工况下满足强度和稳定性的要求。通常情况下，内压不低于 $0.2kN/m^2$，并应根据外荷载的情况进行调整。

（7）温度作用：是指由于温度变化使膜结构产生附加温度应力，应在计算及构造措施中加以考虑。年温度变化值 ΔT 应按实际情况采用。若无可靠资料，可参照玻璃幕墙的有关规程，取 $80℃$。

（8）地震作用：由于膜结构自重较小，地震对结构的影响也较小，因此设计时可不考虑地震作用的影响，但对支承结构（包括骨架支承式膜结构的承重骨架），应根据相关规范进行抗震计算。

第二节 荷载效应的组合

钢结构部分的荷载及荷载效应组合应按《建筑结构荷载规范》GB 50009 进行计算。

当今我国的膜结构设计都参照国外的设计规范进行，荷载组合采用长期与短期两种情况，并分别规定了不同的安全系数。

由于膜结构具有较强的几何非线性效应，各项荷载效应不能进行线性组合。我国规程把长期荷载组合称为第一类组合，短期荷载组合称为第二类组合。可按表 5.1 给出的两种组合类别，进行荷载效应组合。

荷载效应组合

表 5.1

组 合 类 别	参与组合的荷载
长期荷载组合	G、Q、$P(p)$
短期荷载组合	G、W、$P(p)$
	G、W、Q、$P(p)$
	其他作用（与 G、W 等组合）

G 表示恒荷载，Q 为活荷载与雪荷载中的较大者，W 表示风荷载，P 表示初始预张力，p 表示空气支承膜结构中的气压力。

荷载分项系数和荷载组合系数应根据荷载规范取值，预张力 P、气压力 p 的荷载分项系数和荷载组合系数可取 1.0。

表 5.1 中的"其他作用"指根据工程具体情况，温度作用、支座不均匀沉降或施工荷载等也参与组合。

第三节 一 般 设 计 原 则

1. 计算内容

膜结构的设计计算与传统结构有明显区别。膜结构属于柔性结构，必须通过施加初始预张力才能获得结构刚度，不同的初始预张力分布将导致不同的结构初始形状，通常意义上的结构受力分析正是基于一定的初始形状而进行的。另外，膜结构的表面形状是空间曲面，并且通常形状比较复杂，属于不可展曲面，因此存在将平面膜材通过裁剪构成空间曲面的问题。

膜结构的设计计算应包括初始形态分析、荷载效应分析与剪裁分析三大部分。

（1）初始形态分析是指确定结构的初始曲面形状及与该曲面相应的初始预应力分布。

（2）荷载效应分析是指对结构在荷载作用下的内力、位移进行计算。

（3）剪裁分析是指将薄膜曲面划分为裁剪膜片，并展开为平面裁剪下料图的过程。

这三部分的计算分析过程是相互联系、相互制约的，需要从全过程的角度进行分析，通过反复调整，才能最终获得满足建筑、结构要求的膜结构。

需要解决的主要问题有：保证膜面有足够的曲率，以获得较大的刚度和美学效果；细化支承结构，以充分表达透明的空间和轻巧的形状；简化膜与支承结构间的连接节点，降低现场施工量。

2. 计算方法

各国学者对膜结构的分析计算提出了多种方法，经过不断完善和发展，目前得到公认的三大计算机分析方法为：力密度法、动力松弛法和非线性有限元法。

（1）力密度法将薄膜结构离散为由节点和杆件组成的索网结构，在给定的几何拓扑、支座位置及力密度值（索力与索长之比）下，通过求解节点坐标的线性方程组求得结构的变形。

（2）动力松弛法将薄膜结构离散为节点与节点之间的连接单元，对各节点施加激励力产生振动，然后逐步跟踪各节点的振动过程，直至最终求得结构的平衡状态。

（3）非线性有限元法将薄膜结构进行有限元离散，通过求解大位移小应变几何非线性有限元方程，求得膜结构的内力和变形。

3. 容许应力法

膜结构的设计一般采用容许应力法对膜材的应力进行控制，即荷载作用下的膜材应力不大于材料的容许应力，容许应力则由膜材的抗拉强度除以安全系数求得。基本验算条件为：

$$\sigma < f_u/K \tag{5-1}$$

式中　σ——膜材中的应力；

　　　f_u——膜材的抗拉强度；

　　　K——安全系数。

由于膜材强度受材料类型、生产过程、气候条件、安装技术等因素的影响，同时，膜材对缺陷比较敏感，因此通常对膜构件采用较高的安全系数。各国规程对安全系数的取值不尽相同，大多数国家分别按短期荷载和长期荷载取值，其值分别在 3～4 和 6～8 的范围内。我国近年来在工程设计中，对短期荷载和长期荷载分别采用 4 和 8。

4. 极限状态设计法

按照国家标准《建筑结构可靠度设计统一标准》GB 50068—2001 和《膜结构技术规程》CECS 158：2004 的规定，所有结构设计都应采用以概率理论为基础的极限状态设计方法。

基本验算条件为:

$$\sigma_{max} \leqslant f$$

$$f = \xi f_k / \gamma_R \tag{5-2}$$

式中 σ_{max} ——各种荷载组合作用下膜面各点的最大主应力值;

f ——对应于最大主应力方向的膜材抗拉强度设计值;

f_k ——膜材抗拉强度标准值;

ξ ——强度折减系数,一般部位的膜材: $\xi = 1.0$,节点连接处和边缘部位的膜材: $\xi = 0.75$;

γ_R ——膜材抗力分项系数,第一类荷载效应组合: $\gamma_R = 5.0$,第二类荷载效应组合: $\gamma_R = 2.5$ 。

因为膜材是一种新型材料,目前尚没有足够的试验数据来直接统计抗力分项系数 γ_R ,规程给出的 γ_R 是根据容许应力法中的安全系数换算而来。

5. 几何非线性和材料非线性

(1) 膜结构中的膜材和索均属柔性结构,只能承受拉力而不能承受压力、弯矩等的作用,因此膜结构主要通过变形来平衡外荷载,在外荷载作用下往往产生较大的变形,结构计算分析时,必须考虑变形对平衡的影响,也就是考虑结构的几何非线性效应。

(2) 虽然薄膜材料的应力-应变关系表现出明显的非线性,但实际工程中的膜材往往处于较低的应力水平,设计应力远低于材料的破坏强度,因此在膜结构计算中可以不考虑材料的非线性效应,近似按线弹性材料考虑,这在很大程度上简化了膜结构的分析设计。

6. 边界条件及协同分析

(1) 边界条件:

1) 膜结构计算模型的边界支承条件,可根据膜材与边界构件的设计连接构造情况,假定为固定支承或弹性支承。

2) 对于骨架支承膜结构,若支承结构的刚度很大,可将膜材与刚性骨架的连接处考虑为固定支承边界。在一般情况下,可将膜材与支承骨架的连接处考虑为弹性支承,在膜的计算分析中考虑支承骨架刚度的影响,再根据连接处的支座反力,进行支承骨架的计算。

3) 膜结构设计中,应防止支承结构产生过大的变形,对可能出现较大位移的情形,计算时应充分考虑支承结构变形的影响,最好将膜结构与支承结构一起进行整体分析。

(2) 协同工作

1) 对于骨架支承膜结构,膜材仅作为围护材料,荷载效应分析中可不考虑膜材与支承结构的协同工作。

2) 对于索系支承膜结构及索穹顶结构,目前设计中通常不考虑膜材与索杆体系的协同工作,但研究表明:不考虑膜材的共同工作对设计是偏于不安全的。

7. 膜材的松弛与褶皱

在正常使用状态下,膜材不应出现松弛与褶皱现象。

（1）膜材出现松弛，会导致结构刚度的降低，在风荷载作用下容易出现剧烈振动，导致整体结构受力的无谓增加，甚至可能导致膜材撕裂。

（2）膜材的松弛还会引起褶皱，从而影响膜结构的美观及排水性能。

（3）膜材的徐变也会导致松弛，称应力松弛。

（4）膜结构设计时应考虑张力的两次甚至多次导入的可能性。

8. 支承结构的设计

膜结构设计时，必须考虑与下部支承结构的相互影响。目前，国内的现状往往是膜结构专业公司自行设计膜结构，与下部的土建设计分离，从而可能导致结构设计的不合理。比如，某工程的膜结构支承于下部多层混凝土框架上，由于两者设计分离，下部支承结构设计单位只提出了柱顶水平力的限值，从而导致膜结构支承体系的用钢量大增。如果设计时能够综合考虑，应该可以避免出现这样的问题。

9. 施工设计

膜结构的施工设计主要是预张力的张拉设计。预张力的施加方法、次序、量值控制应严格按照设计提出的要求进行。任意改变张拉过程、张拉次序或张拉量，都可能导致实际情况与设计产生偏离。

10. 节点与构造设计

膜结构的节点与构造设计十分重要，特别是张力导入系统的设计。

（1）张拉式膜结构在正常使用1～2年后往往需要进行二次张拉，这就要求膜结构设计时应考虑预张力导入的方式及二次导入的可能性，设计与张力导入方式密切相关的节点与构造。

（2）由于要考虑张力的二次导入，预张力设计时应考虑如何在有限的位置处施加预张力而使膜的所有部位都能产生预张力，因此预张力的分布显得尤为重要。

（3）设计时还应考虑二次张拉对结构整体的影响。

11. 膜结构张力导入的常用方法

（1）直接张拉膜面：沿膜周边直接张拉膜面，是最简单、最直观的张力导入方法，通常适用于膜面曲率较小的情况。

（2）张拉边索：是对膜结构周边的钢索进行张拉的方法，这是周边使用边索的张拉式膜结构导入膜面张力的常用方法。

（3）顶升支柱：是顶升膜结构中间支柱的方法，适用于中间设有支柱或顶部悬挂于其他结构上的整体张拉式膜结构。

（4）张拉稳定索：该方法适用于骨架支承膜结构中面积较大的膜面，此时为避免膜材损伤，与索接触处的膜材应适当加强。

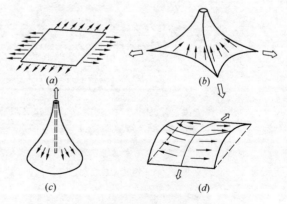

图 5.46　膜结构张力导入的常用方法
（a）直接张拉膜面；（b）张拉边缘；
（c）顶升支柱；（d）张拉稳定索

思 考 题

1. 膜结构的设计计算包括哪几部分?

2. 计算分析膜结构时,如何考虑几何非线性与材料非线性?

3. 什么情况下将膜材与边界构件的连接处考虑为固定支承,什么情况下将膜材与边界构件的连接处考虑为弹性支承?

4. 为什么膜结构设计时应考虑张力的两次甚至多次导入的可能性?

5. 膜结构张力导入的方法有哪些?

第四章　膜结构的材料

一切建筑结构的发展都离不开建筑材料的发展，而建筑材料的更新又促进建筑结构的进步。膜材料作为膜结构的灵魂，它的发展也与膜结构技术密切相关，互相促进。过去人们习惯地把膜结构看作帐篷，而帐篷只能算是一个临时性建筑，不够牢固，不能防火，又不能保温或隔热，如今对采用膜结构的帐篷却要刮目相看了，其中的关键问题就是材料。

第一节　国内外膜材发展的现状

1. 国外现状

当初大阪博览会上的美国馆，由于是临时性的展览建筑，采用的膜材是涂覆聚氯乙烯（PVC）的玻璃纤维织物，算不上先进，但在强度上经受了两次速度高达 140km/h 以上的台风考验。通过这个工程使设计者认识到，需要一种强度更高、耐久性更好、不燃、透光和能自洁的建筑织物。

20 世纪 70 年代，美国制造商开发的玻璃纤维织物就满足了上述要求。主要的改进是涂覆的面层采用了聚四氟乙烯（PTFE）。这种膜材从一开始就以强度高、耐火不燃、自洁性好等优异性能得到用户的青睐，使膜结构从最初的临时性建筑开始迈向永久性建筑的行列，为膜结构的大量应用起了积极推动作用。这种膜材于 1973 年首次应用到美国加利福尼亚拉维恩学院一个学生活动中心的屋顶上，经过 20 多年的考验，材料还保持着 70%～80% 的强度，仍然透光，没有褪色。拉维恩学院膜结构的使用经验表明：涂覆 PTFE 面层的玻璃纤维织物，不但有足够的强度承受张力，在使用功能上也具有很好的耐久性，这种材料的使用年限超过 25 年。

与此同时，一种价格低廉、涂覆 PVC 的聚酯织物在性能上也有很大的改进。制造商在原来的涂层外面再加一面层，比较成熟的有聚氟乙烯（PVF）和聚偏氟乙烯（PVDF），这种面层不但能保护织物抵抗紫外线，而且大大地改进了自洁性，这样就把聚酯织物的使用年限提高到 15 年，可以在永久性建筑中使用。

总之，常用的膜材是在聚酯织物基层上涂覆 PVC，或是在玻璃纤维上涂覆 PTFE 涂层，而 ETFE 膜材没有基层，是一种颗粒状结晶体的薄膜。

目前，国外特别是欧、美、日本的膜材制造业已达到了很高的水准。比较典型的有法国法拉利公司，该公司推出的氟罗托普 T 采用热压的 PVDF 面层，是当前比较成熟的一种膜材，也是国内用得相对较多的一种膜材。

根据法拉利公司的试验，氟罗托普 T 具有较好的隔热性能，对太阳能可反射掉 70%，膜材本身吸收了 17%，传热仅 13%，而透光率却有 20%。氟罗托普 T 的自洁性很好，对炭黑肮脏试验几乎不受影响。经过 10 年的太阳光直接照射，辉度仍能保留 70%，而一般膜材只有 20%。此外颜色的改变以 NBS 单位测量，氟罗托普 T 只改变了 2.5，而一般膜材中最好的也改变了 5。

2. 国内现状

膜材制造业只是在近几年才开始，国内的膜材质量和性能远远落后于国外产品。但国内已经有不少企业做出努力。他们结合科研院校或引进先进生产线，正在不断改进和创造新型的膜材料。

目前所用膜材基本来自国外，PTFE 膜材主要来自美国、德国、日本等地，PVC 膜材主要来自法国（FERRARI）、德国（MEHLER，DURASKIN）、美国（SEAMEN）以及韩国的秀博公司等，国内生产的膜材或因物理性能欠佳，或因力学性能不足，尚难满足大型工程及我国膜结构发展的需要。

2002 年，上海企业从德国引进了全套可进行 PVDF 表面处理的 PVC 聚酯纤维膜材生产线，膜材幅宽 4.05m；也有的企业正策划投资生产 PTFE 涂层玻璃纤维膜材，但目前国产玻璃纤维最细只有 6μm，短期内将制约 PTFE 膜材的国产化，但这类问题终将解决，摆脱膜材依赖进口的局面已为时不远。相信在不远的将来，国内产品一定会在中国膜结构市场上占有一席之地。

第二节　膜　材　的　种　类

膜材料分为织物膜材和箔片两大类。高强度箔片近几年才开始应用于结构。织物是由纤维平织或曲织生成的，织物膜材已有较长的应用历史。

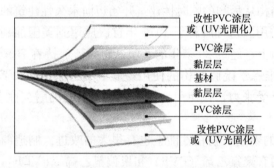

图 5.47　膜材的一般构造图

1. 织物膜材

（1）根据涂层情况，织物膜材可以分为涂层膜材和非涂层膜材两种。

（2）根据材料类型，织物膜材可以分为聚酯织物和玻璃织物两种。

通过单边或双边涂层可以保护织物免受机械损伤、大气影响及动植物作用等损伤，所以，目前涂层膜材是膜结构的主流材料。

2. 箔片

结构工程中的箔片都是由氟塑料制造的，它的优点在于有很高的透光性和出色的防老化性。

（1）单层的箔片可如同膜材一样施加预拉力，但它常常做成夹层，内部充有永久空气压力以稳定膜面。

（2）跨度较大时，箔片常被压制成正交膜片。

（3）由于较高的自洁性能，氟塑料通常被细化，如聚酯织物加 PVC 涂层外的 PVDF 表面。

3. 膜材分类

膜材主要还是依涂层材料来分类，图 5.47 以 PVC 膜材为例示出了膜材的基本构造。

膜材大致可分为以下几种：

（1）PTFE 膜材：由聚四氟乙烯（PTFE）涂层和玻璃纤维基层复合而成，PTFE 膜材品质卓越，价格也较高。

（2）PVC 膜材：由聚氯乙烯（PVC）涂层和聚酯纤维基层复合而成，应用广泛，价格适中。

（3）加面层的 PVC 膜材：在 PVC 膜材表面涂覆聚偏氟乙烯（PVDF）或聚氟乙烯（PVF），性能优于纯 PVC 膜材，价格相应略高。

第三节　膜材的基本性能

1. 膜材的物理性能

膜结构中的膜材强度高、柔韧性好，是由织物基材（玻璃纤维、聚酯长丝）和涂层（PTFE、硅酮、PVC）复合而成的涂层织物。具有轻质、柔韧、厚度小、重量轻、透光性好等特点；对自然光有反射、吸收和透射能力；它不燃、难燃或阻燃；具有耐久、防火、气密良好等特性；表层经氟素处理（涂覆 PVF 或 PVDF）的膜材自身不发粘、有很好的自洁性能。

（1）力学性能：中等强度的 PVC 膜，厚度仅 0.61mm，但它的抗拉强度相当于钢材的一半；中等强度的 PTFE 膜，厚度仅 0.8mm，但它的抗拉强度已达到钢材的水平。膜材的弹性模量较低，有利于膜材形成复杂的曲面造型。

（2）光学性能：膜材料可滤除大部分紫外线，防止内部物品褪色。对自然光的透射率可达到 25%，透射光在结构内部产生均匀的漫射光，无阴影、无眩光，具有良好的显色性，夜晚在周围环境光和内部照明的共同作用下，膜结构表面发出自然柔和的光辉，令人陶醉。

（3）声学性能：一般膜结构对低于 60Hz 的低频几乎是通透的，对于有特殊吸音要求的结构可以采用具有 FABRASORB 装置的膜结构，这种组合具有比玻璃更强的吸音效果。

（4）防火性能：如今广泛使用的膜材料能很好地满足防火要求，具有卓越的阻燃和耐高温性能，达到法国、德国、美国、日本等多国标准。

（5）保温性能：单层膜材料的保温性能与砖墙相同，优于玻璃。同其他材料的建筑一样，膜建筑内部也可以采用其他方式调节内部温度，例如内部加挂保温层，运用空调采暖设备等。

（6）自洁性能：PTFE 膜材和经过特殊表面处理的 PVC 膜材具有很好的自洁性能，雨水会在其表面聚成水珠流下，使膜材表面得到自然清洗。

2. 膜材的力学假定

（1）膜材是高强柔软的复合材料，合成纤维织物的构造使材料的应力平均分布在所有面积上，而不是集中在一点上。

（2）膜材具有较高的抗拉强度，但抗压刚度和抗弯刚度几乎为零，具有很强的异向性和材料非线性，并且易发生徐变和应力松弛现象。

（3）确定薄膜材料力学参数的力学模型多种多样，有将膜材当成纯弹性体，也有将其当成黏弹性体，不少学者认为将其简化为正交各向异性弹性体比较符合工程要求。

（4）考虑薄膜结构大位移小应变时，可以认为变形后仍有一对互相垂直的正交轴。

（5）目前，各国对膜材物理力学性能的要求、评价指标和相应的测试方法还不尽相同，归纳起来，可根据以下几个方面来确定：

① 膜材的厚度和质量。

② 膜材的张拉性和张拉强度。

③ 膜材的抗撕裂性能及抗撕裂强度。

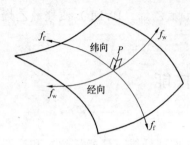

图 5.48 膜材具有两个相反
曲率的张拉曲面
f_f 表示凸方向（纬向），
f_w 表示凹方向（经向）

（6）从材料的组成可知膜材是复合材料，并且由于基材是合成纤维或玻璃纤维纺织而成的织物，所以膜材不是弹性体，具有很强的非线性和粘弹性。但是，目前在做膜结构的结构分析时，仍假定膜材为线弹性体。

（7）膜材的材料常数通常为张拉刚度 E_t，剪切刚度 G_t，由于膜材呈正交异性，张拉刚度分纵向纤维方向张拉刚度 E_{t1}，横向纤维张拉刚度 E_{t2}，泊松比分纵向对横向的泊松比 γ_1，横向对纵向的泊松比 γ_2，剪切刚度独立。

3. 膜材的力学模型

要获得一个稳定的结构，膜结构的膜面应具有两个主方向曲率，一个方向为凸；另一方面为凹。

（1）膜材的纤维应沿着膜结构的两个主方向位置铺设。

（2）膜结构在外力荷载作用下产生一定的挠度，相应地也改变了膜结构的形状和曲率的半径。膜材中两个主曲率方向也各负其责共同承受外荷载：一个主方向上的应力抵抗外荷载，而与其垂直正交方向上的应力则维持整个结构系统的稳定。

（3）由于两个主方向上的应力都参与了抵抗外荷载的作用，膜材的双向材料特性（弹性模量和泊松比）对结构的分析显得尤其重要。

（4）膜结构设计中膜内允许应力的确定因素有：结构安全系数和折减系数（根据膜材单位长度上的应力强度）。两种系数由于荷载类型、天气情况 ϕ_w、双向外荷载 ϕ_b、约束条件 ϕ_h 等产生结构强度上的折减。

$$允许应力 = \frac{（单位长度上的抗拉强度）\times \phi_w \times \phi_b \times \phi_h}{安全系数}$$

思 考 题

1. 根据涂层情况，膜材可以分为哪几类？各有什么优缺点？

2. 膜材具有什么物理性能？

3. 为了获得一个稳定的结构，膜结构的膜面应满足什么要求？

第五章 膜结构的施工

　　膜材通常是在工厂内进行加工，对制作场地有严格的要求，以保持膜材清洁。膜结构的制作应经过材料检验、裁剪、热合及包装等工序，规程中对裁剪与热合后的尺寸偏差都作出了规定，对热合缝的强度和制作质量也提出了要求。膜单元运到施工现场后就应该连接安装到位，将其固定在支承构件上。安装时，一个重要的工序就是对膜结构通过集中施力点分步施加张力，这样膜面就可以逐渐承受张力而成形。

　　目前对膜面是否已达到设计的预张力还没有可靠的检测方法，在实用上只能以施力点位移是否达到设计值作为控制标准，对有代表性的施力点进行力值抽检。膜结构建成后对其进行维护和保养，是保证膜结构正常使用的必要条件，也是制作安装单位和使用单位的共同责任。规程对膜结构定期检查和维护提出了具体的要求。

　　膜结构的施工，在总体上可分为两个阶段：制作与安装。制作的重点是制膜技术（包括裁剪和热合两个方面）；安装包括张膜、预应力过程。

　　张拉膜结构一般由三部分组成，即支承柱、拉索与覆盖的膜材。这三部分构件均可以在工厂内加工。三种构件运到工地现场，应按科学的程序分别安装。

　　膜结构的基本施工安装工艺过程：主体结构施工完成或钢管柱（钢骨架）就位竖起→支承结构与膜结构的连接部位与节点进行复测→工厂制膜并运到现场→展开膜材，预先进行膜边界与边索的连接→吊装并固定膜材（先装膜面最高处）→膜材张拉成型（均匀施加预应力，满足设计的张拉值）→按设计结点图逐一固定节点。

思　考　题

1. 膜结构的制作包括哪些工序？施工包括哪些步骤？
2. 怎样保证膜面逐渐承受张力而成形？

第六篇　开合屋盖结构

第一章　开合屋盖结构的概念和特点

第一节　开合屋盖结构的概念

从结构角度来说，人们把使用了开合屋盖的建筑称为开合屋盖结构。

开合屋盖结构的定义：是一种在很短时间内部分或全部屋盖结构可以移动或开合的结构形式，它使建筑物在屋顶开启和关闭两个状态下都可以使用。

开合屋盖的实现是将一个完整的屋盖结构按一定的规律划分成几个可动和固定单元，使可动单元能够按照一定轨迹移动，达到屋盖开合的目的。

如果抛开其具体应用领域，而从更广义的角度来研究开合屋盖结构体系，则称为"开合屋盖结构"。开合屋盖结构的应用面很广，不仅应用在建筑上，而且应用到几乎所有的包含机械、结构类的领域。开合屋盖建筑是开合屋盖结构体系在土木工程领域应用的一个范例，开合屋盖结构体系的不断发展为更复杂、更大规模开合建筑的实现提供了良好的前景。

作为一种新型结构形式，开合屋盖结构无论在理论研究还是工程实践上都存在许多问题有待解决。国外的相关文献资料主要局限于几个具体工程的介绍上，国内对这方面的研究也很少。随着经济和技术的发展，我国许多地区都开始有建造大型开合屋盖结构的想法和需求，因此，对这种结构进行符合国情的深入、系统研究刻不容缓。

第二节　开合屋盖结构的发展和应用状况

开合屋盖结构在建筑结构领域的发展大致可以分为三个阶段：1950 年以前的小型开合屋盖结构；1950～1988 年的折叠开合屋盖结构；1988 年至今的刚性移动单元开合屋盖结构。

（1）1950 年以前的小型开合屋盖结构：现代开合屋盖结构是在早期简单开合屋盖结构基础上逐渐发展起来的，人们很久以前就开始使用了开合屋盖结构。

① 从图 6.1 所示罗马 Coliseum 的废墟中可以看出开合屋盖结构的遗址。它于公元前 82 年完成，椭圆形大剧场尺寸为 156m×188m，遮阳篷采用跨越活动场地上空的永久索结构的设计思想，索采用强度很小的麻绳，放射状的索连接在内环索上。这一屋顶由奴隶来开闭。从场中已毁坏的地板下方可明显看到，原本为地下室的兽栏、奴隶室和战士休

图 6.1　罗马 Coliseum 的废墟

息室；观众席后方则是有 240 个拱门的外墙，而且分为三层的观众席又是三种建筑风格。

② 早期的开合屋盖结构主要以小型结构为主，主要用在非建筑领域。早在 2000 多年以前，中国人就发明了典型的开合屋盖结构—雨伞。在游牧或战争年代，家庭或部队使用各种各样的帐篷，其结构由布、竖杆、绳索和短桩组成，可以快速地搭起和折叠。

③ 人们使用的照相机快门、可以敞篷的汽车、活动机库、天文观测中使用的可开合屋顶观测站以及开合梁结构等，尽管他们结构尺寸小，并且由人工开启，但它们都是开合屋盖结构。

（2）1950～1988 年的开合屋盖结构：以膜材料折叠形式为主，人们利用开合膜结构建成了许多游泳馆、滑冰馆等中小型规模的开合屋盖结构，图 6.2 所示德国汉堡网球场采用了折叠形式的开合屋盖。

1976 年建成的加拿大蒙特利尔奥林匹克体育馆，如图 6.3 所示，通过在悬臂斜柱上悬挂斜拉索，将膜屋面收缩于柱顶位置。

图 6.2　德国汉堡网球场　　　　图 6.3　加拿大蒙特利尔奥林匹克体育馆

（3）1988 年至今的刚性移动单元开合屋盖结构：均采用拱架、拱形网壳、部分球壳或平板网架等刚性结构作为移动单元的受力结构，屋面材料为膜材料、金属板及其他轻质材料。屋盖形态分成若干单元片，通过单元片的移动、转动，使各片之间搭接、重叠，来实现屋盖的开合。这种思想来源于 1961 年建成的美国匹兹堡市民体育场（图 6.4），之后，世界上建造了上百个带有刚性单元的开合建筑。

1962 年建成的匹兹堡大礼堂（锡比克圆形剧场），具有特殊三角形平面形状，是世界上第一座可开闭穹顶，由八个 ∏ 型肋组成 120m 的穹顶。

图 6.5 所示日本福冈巨蛋体育馆是日本首座开放式圆顶型多用途球场，关开自如的屋

图 6.4　1962 年建成的匹兹堡大礼堂　　　　图 6.5　日本福冈巨蛋体育馆

顶可依据天气和活动的需要，调整开启的角度与面积。屋盖由 3 片网壳组成，下片是固定的，中片及上片可沿着圆的导轨移动，移动方式为鸟翼回转重叠式。

日本海洋穹顶，开合屋盖由 4 块独立的拱形板组成，开启时，中央两块拱形板分别向两相反方向平行移动，并与其相邻的拱形板重叠，两组两块重叠的拱形板再向两相反方向平行移动，直至开启到终点。

（4）可展桁架＋柔性屋面材料的开合方式得到重视：这是一种刚性开合与完全柔性的折叠膜方法的结合，既利用了膜材的可折叠性，又通过可展桁架避免了折叠膜方法的内在缺陷。如图 6.6 所示美国休斯敦 Reliant 体育馆和图 6.7 所示的日本丰田体育场均采用刚性开合与完全柔性的折叠膜结合的开合屋盖。

图 6.6　美国休斯敦 Reliant 体育馆　　　　　　图 6.7　日本丰田体育场

（5）开启率是开合屋盖结构的一个主要指标。美国对大跨度开合屋盖的需求强烈。开启率很高，开合方式简单。图 6.8 所示美国格伦代尔新落成的卡迪纳尔大型体育场，其特征集中体现在两个可活动的部分上：收放式草坪运动场和屋顶。织物屋顶呈半透明，由两块能伸缩的巨大嵌板组成。日本趋向于在满足使用功能的条件下采用尽可能小的开启率。较小开启率的开合屋盖结构通常采用空间开合方式，如图 6.9 所示新建于 2001 年日本大分县穹顶，直径 274m，屋盖结构由单层网壳、纵向大拱及 13 道横向拱组成（7 道完整拱，6 道被中央开口环形桁架所截断），可滑动的闭合式顶棚与固定屋盖共用支承结构，屋盖开启时沿 7 道完整拱移动。覆盖率 100%。

图 6.8　美国的卡迪纳尔大型体育场　　　　　　图 6.9　日本大分体育场闭合状态

中国在开合屋盖结构的研究与应用方面还处于起步阶段。已经建成的开合屋盖建筑结构形式和开合机理较为简单，跨度和规模也较小。图 6.10 和图 6.11 所示钓鱼台国宾馆网球馆是我国第一座开合式网球馆。网球馆外围尺寸为 40m×40m，内设两个标准双打网球场，整个屋面分为三个落地拱架，采用北京智维公司的专利技术"弓式预应力钢结构"，两片固定拱架跨度 40m，一片活动拱架跨度 41.5m，拱最高点净高 13m，满足网球场地上空无障碍高度要求。驱动系统采用电控齿轮齿条驱动，5min 可以完成开合操作。由于该开合屋盖结构开合机理很简单，跨度不大，安全控制措施也很简单，造价仅比无可动屋面高 10%。图 6.12 所示国内第一个采用活动开启式屋盖的体育场馆——号称"南鸟巢"的南通体育会展中心主体育场和图 6.13 所示上海旗忠网球中心体现了我国工程师近几年在该方面的水平和成就。

图 6.10　钓鱼台国宾馆网球馆内景

图 6.11　开启状态的钓鱼台国宾馆网球馆

图 6.12　南通体育会展中心主体育场

图 6.13　开启状态的上海旗忠网球中心

第三节　开合屋盖结构的特点

与非开合屋盖结构相比，开合屋盖结构的优越性主要表现在以下几个方面：

(1) 根据全天候及多功能的需要，可以将屋盖打开或关闭。如受强烈风雪、需要隔声、雨天进行比赛以及演电影或演出节目时可以关闭，而天气晴朗时进行各种比赛可以开启，享受自然天气之美，更能提高体育场效果。

(2) 屋盖开启后室内外融为一体，特别是夜晚，更有一种特殊感受。

与非开合屋盖结构相比，开合屋盖结构的受力特点主要表现在以下几个方面：

(1) 各屋顶的轮廓尺寸对开合屋盖结构的受力特性有很大影响。因为开合屋盖结构的各片屋顶，相对于非开合屋盖结构来说，在一定程度上减弱了屋顶结构作为空间结构整体受力的特点，甚至有可能蜕变为单向受力。

（2）各片屋顶在开、闭状态及开、闭过程中的受载情况各不相同。在全封闭状态与全开启状态的受力都比较明确，完全可以应用常规方法进行分析，但在开启或关闭的过程中，由于风向与风速的变化、温度、雪载引起的偏心荷载，轨道摩擦以及行走速度、轨道接缝、缓冲装置、轨道安装误差引起的冲击力，甚至地震力的作用，其受力状态相当复杂，往往造成可动屋顶在运行过程中左右摇摆、上浮，因此，有必要对机械体系有关构件进行受力分析并作相应的构造处理。

（3）风向、风速大小、屋顶是否有积雪等因素对开合屋盖结构所处的状态（全开启、半开启、全封闭）起决定性作用。为了确保结构受力合理，使可动屋顶的运行安全可靠，建议开合屋盖结构的设计应做相应的模型试验。

思 考 题

1. 什么是开合屋盖结构？列举三个以上我国已经建成的工程实例。
2. 与非开合屋盖结构相比，开合屋盖结构的受力特点主要表现在哪几个方面？

第二章　开合屋盖结构的形式和分类

第一节　按开合频率分类

由于建筑功能的不同，开合屋盖结构可以根据可动屋面的开合频率进行分类。

（1）每年两次，夏季开启、冬天闭合。这种类型的可动屋面很少使用；并且可动屋面通常设计成易于安装和拆除的，屋面材料常采用膜材。如：法国 Blvd. Carnot 游泳馆。

（2）大部分时间处于闭合状态，小部分时间处于开启状态。这种类型的开合屋盖结构主要用于举办室内活动；为了消除雪荷载，一些小型场馆在冬季会处于开启状态。如：美国匹兹堡市民体育场。

（3）大部分时间处于开启状态，小部分时间处于闭合状态。这种类型的开合屋盖结构主要用于举办室外活动；在承受最大荷载作用时，为了减小风载，将屋面打开。如：日本大分县穹顶。

（4）经常进行开合操作。根据天气情况和举办活动的性质决定可动屋面是开启还是闭合。如：日本海洋穹顶。

第二节　按开合方式分类

开合屋盖结构按照开合方式可以分为：移动方式、转动方式、折叠方式、组合方式。

（1）移动方式：又可细分为：

① 水平移动：通过屋盖单元沿水平轨道移动或重叠搭接形成开合。如图 6.14 所示1991 年建成的日本 Ariake 体育馆；图 6.15 所示日本札幌体育馆是室内外场地相连的大型运动场，中央屋顶可以向两边打开。

② 空间移动：通过屋盖单元沿空间轨道移动或重叠搭接形成开合。图 6.16 示出了日本大分县穹顶的开启状态。

图 6.14　日本 Ariake 体育馆　　　　　　图 6.15　日本札幌体育馆

（2）转动方式：又可细分为：

① 绕竖直轴转动：数块屋盖单元绕竖直轴重叠形成开合。如美国匹兹堡市民体育场。

② 绕水平轴转动：通过数块屋盖单元绕水平轴转动形成开合。如图 6.17 给出了上海旗忠网球中心的闭合状态。

图 6.16　开启状态的日本大分县穹顶　　　　图 6.17　闭合状态的上海旗忠网球中心

（3）折叠方式：又可细分为：

① 水平折叠：构件水平方向折叠形成开合。如图 6.18 中的日本但马穹顶。

② 回转折叠：构件水平回转折叠形成开合。如图 6.19 中的日本仙台穹顶，还有图 6.20 示出的美国宾夕法尼亚州的匹兹堡梅隆体育馆：被人们称之为"The Igloo"（意为圆顶屋），梅隆体育馆拥有世界上最大的不锈钢可伸缩圆屋顶，大型室内体育馆采用可伸缩圆顶结构在历史上也是第一次。体育馆呈半球形，分为三部分，可以旋转。

图 6.18　日本但马穹顶　　　　　　　　图 6.19　日本仙台穹顶

③ 上下折叠：一般采用膜屋面，类似于折叠伞，通过吊起或放下屋面形成开合。如图 6.3 所示 1976 年建成的加拿大蒙特利尔奥林匹克体育馆，通过在悬臂斜柱上悬挂斜拉索，将膜屋面收缩于柱顶位置。

（4）混合方式：是上述开合方式的组合。如图 6.21 所示日本福冈圆顶球场于 1993 年竣工，是日本最早使用屋顶开闭式圆顶的球场，整座重达一百多公吨的圆形屋顶，开合方式为回转重叠式，完全开启约需 20min。

图 6.20 美国宾夕法尼亚州的匹兹堡梅隆体育馆

图 6.21 日本福冈巨蛋体育馆

第三节 按结构体系分类

根据采用的结构体系，开合屋盖结构可以分为：

（1）柔性索膜和钢结构膜开合屋盖结构。比如图 6.22 所示为迎接 2006 年在德国举行的世界杯足球赛，法兰克福森林体育场采用了钢索膜屋顶结构，薄膜屋面收缩折叠后可存放在钢索承重结构的中心部位。

（2）空间刚性单元开合屋盖结构。比如图 6.23 所示 2001 年建成的日本神户御崎公园体育场，采用拱开闭屋盖。

图 6.22 法兰克福森林体育场

图 6.23 日本神户御崎公园体育场

（3）可展开式开合屋盖结构。比如图 6.8 所示美国格伦代尔新落成的卡迪纳尔大型体育场，其特征集中体现在两个可活动的部分上：收放式草坪运动场和屋顶。织物屋顶呈半透明，由两块能伸缩的巨大嵌板组成。德国汉堡网球场，可缩进的膜结构棚盖可以在任何恶劣的天气时，将棚盖关上；在天气转好时打开。

图 6.24 深圳东部华侨城大峡谷海洋
广场室内水公园

（4）充气膜开合屋盖结构。比如，图 6.24 所示深圳东部华侨城大峡谷海洋广场室内水公园，是三层 ETFE 充气膜结构，扇形开启，呈一个大海贝形状。

第四节　按受力特性分类

对结构设计影响较大的是可动屋面的支承条件，一般可分为两类：

（1）可动屋面支承在刚度很大的下部结构上。下部支承一般由钢筋混凝土结构组成。由于支承结构的刚度很大，采用这种支承方式的屋盖覆盖面积一般很大，活动单元的自重相应也很大。这类屋盖开启率不受限制，构造简单、安全可靠，适用于任何运动项目的体育场馆。如图 6.25 所示加拿大多伦多天空穹顶，该穹顶于 1989 年正式投入使用，是当时世界最大的具有开合功能的体育、娱乐和展览中心。屋盖跨度 205m，有效空间高度 86m，能容纳 7 万人，关闭后可做全封闭有空气调节的体育场。该屋盖结构开启率达到 91%，耗钢量近万吨，开闭时间约 20min，四块相互独立的钢网壳屋盖由下部钢筋混凝土结构提供支撑，屋盖移动采用移动式吊车技术，由一系列电动台车带动运转。

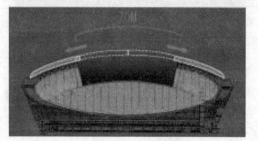

图 6.25　加拿大多伦多天空穹顶　　　　　图 6.26　日本小松穹顶

（2）可动屋面支承在刚度较小的下部结构上。下部支撑往往是由钢桁架提供。这种支撑结构刚度小，相应的变形较大，一般适用于开启面积较小或轻质屋面材料的建筑。但是，由于钢结构支承对建筑外观满足得比较好，因此得到了广泛的应用。在使用上受到开启屋面开启率和跨度的影响，不太适合于需要大场地及大面积天然草皮的运动项目。如图 6.26 所示 1997 年建成的日本小松穹顶，因场地所限，穹顶直径只做到了135m，活动屋面沿两条弧形拱桁架运动，取得了良好的建筑效果。屋盖开启时采用了上下重叠的方式，中间开口为 70m×55m。采用机械关闭，是仅靠自重开启的结构体系，这种简洁技术既克服了许多非人控环节带来的问题，又降低了建筑造价，具有一定的借鉴意义。

第五节　按其他方式分类

1. 按可动屋面是否自稳定考虑分类

分为两类：

（1）可动屋面不是自稳定结构。如：美国匹兹堡市民体育场。

（2）可动屋面是自稳定结构。如：日本福冈巨蛋穹顶，是日本首座开放式圆顶型多用途球场。

2. 按可动屋面开启后的位置分类

（1）可动屋面开启后不占用额外的地方。如：日本小松穹顶。

（2）可动屋面开启后占用额外的地方。如：日本球穹顶。

思　考　题

1. 开合结构按照开合频率可以分为哪几类？分别列举一个以上的工程实例。

2. 开合结构按照开合方式可以分为哪几类？分别列举一个以上的工程实例。

3. 开合结构按照结构体系可以分为哪几类？分别列举一个以上的工程实例。

第三章 开合屋盖结构的计算方法

进行传统的屋盖设计时，各工种的设计是串行的，而开合屋盖结构由于其复杂性，导致各工种一定要并行进行，即建筑方案、结构形式、机械牵引、控制系统是相互影响、相互制约的。开合屋盖结构的设计在初步设计阶段由建筑师、结构工程师和机械工程师共同完成，以保证建筑上美观、结构上合理、驱动上安全。

第一节 建 筑 设 计

与常规建筑一样，开合屋盖结构的建筑方案设计占据着主导地位。开合屋盖结构的建筑方案要考虑的要素大部分与常规建筑是一样的，但是由于有可动屋面的存在，要额外考虑部分特殊的要素。另外，由于开合屋盖结构的复杂性，结构设计和机械系统设计对建筑方案设计的影响也比常规建筑要大。

1. 确定开合方式

选择开合方式要考虑的因素有：环境和场地条件、建筑物的用途和功能、投资造价等。最后，开合方案的决定因素是要根据开合屋面的具体问题来决定。比如，体育馆的设计，首先要遵循相关的体育场馆设计规范，例如场地大小、净空高度要求等，必须满足设计规范的要求，在这个基础上再进行开合方式的选择。建筑师一般是在建筑外形确定的基础上来选择开合方式，不恰当的开合方式将会给后继的结构设计、机械设计和施工安装带来很大的困难。

2. 确定适用条件

在开合屋盖结构的建筑方案设计中，要明确确定开合状态的使用条件，即明确在什么时候开启屋盖、在什么时候关闭屋盖；对于半开状态的，要明确可动屋面的位置。确定可动屋面的主要使用状态直接影响着以后的结构设计和机械设计，并且不同的使用功能对屋面位置有不同的要求。例如，田径比赛的室内、室外记录是有区别的；对场地净空要求较高的比赛，如橄榄球比赛，观众席上有屋面比较合适。因此，对于有多种用途的开合屋盖结构，屋面应同时满足场地开阔和观众席舒适的要求。

3. 受屋面开合影响的因素

(1) 安全性因素。应选择安全、可靠的开合系统，并且应有相应的安全措施，来应对可能发生的故障或损毁。

(2) 开合方式和驱动机械。应该避免采用复杂的开合方式，开合方式应尽量简单，避免不必要的机械故障。

(3) 场馆内将举行何种赛事或运动。不同的使用功能对屋面位置有不同的要求，例如，田径比赛的室内、室外记录是有区别的，因此需要在开合屋盖结构的场地内装置室外设施。

(4) 可动屋面的阴影影响。在开启或半开启状态下,可动屋面或可动屋面的支承结构会在场地和观众席上落下阴影。体育比赛的不同,在场地上和观众席上落下的阴影也不容忽视。阴影会妨碍运动员的判断、观众的视线,更严重的是降低了电视转播的画面质量。

(5) 开合过程的时间。随着开合屋面尺度的增加,保证结构的安全性越来越困难,而开合过程所要消耗的电能也随之增加。因此有必要根据建筑的用途制定开合屋盖在特定情况下的开合时间。

(6) 刮风的影响。在开启状态下,刮入的风不应该对建筑物的使用功能产生影响。若场地内部的风速超过 20m/s,会影响田径比赛的成绩。因此,需要采取措施以保证内部空间有一个平稳、适宜的条件。

(7) 室内通风。无论在任何状态下,都要保证观众席上的合理通风,并防止室内温度过高。

(8) 声学效果。可动屋面在开启和关闭状态,声学效果的差异非常大。音响设备要特别设计,满足可动屋面在开启、关闭、半开启位置时,对声学效果的要求。

(9) 悬挂设备。悬挂设备包括音响设备和灯光设备。为了可动屋面的安全和管线布置的方便,一般不宜在可动屋面上布置悬挂设备。当必须在可动屋面上悬挂设备时,要考虑设备和线路是如何布置,才不会影响正常的开合。对于布置在与可动屋面有重合部分的固定屋面上的悬挂设备,还要考虑悬挂设备的净高问题,防止和可动屋面碰撞。对于灯光系统,尽量使得开启和闭合状态下灯光的泛光强度不应有太大的变化,灯光的布置应尽量降低场地内的眩光和增强在水平方向和垂直方向上的泛光。

(10) 防水问题。屋面单元之间的防水、密封问题是开合屋盖结构特有的建筑构造问题,由于开合屋盖结构的屋面在结构上进行了分块,所以可动屋面之间、可动屋面与支承结构之间的防水问题十分突出。各屋面单元之间的结合点是屋面防水的薄弱环节,也是屋面防水的关键所在,漏水可能使机械系统生锈腐蚀,从而导致开合功能的受损。这个问题的解决需要建筑、结构、机械专业的配合,对结构方案进行一些调整,以便适应建筑构造防水的要求。

4. 灾害预防和撤离方案

室外场馆和室内场馆的防火设计有很大的不同,要根据开合屋盖的使用条件确定建筑是属于室外场馆还是室内场馆,然后根据相关的防火要求进行设计。对于大型的开合屋盖结构,对排烟效果要多加考虑。在屋面闭合时,应有计划地让烟雾聚集在结构顶部较高的位置;屋面开启时,烟雾可以扩散到室外。但是,在强风作用下,烟雾的排放会受到干扰,甚至会倒灌,影响观众的撤离。因此,有条件时应模拟场地风对排烟的影响,确保烟雾不会影响观众的安全。

第 二 节　结 　构 　设 　计

由于开合屋盖结构的屋盖可以通过移动或折叠全部或部分屋面的方式打开,因此这种结构在设计过程中也具有很多有别于常规结构的设计要点。

1. 开合屋盖的结构体系

开合屋盖结构的屋面通常包括固定屋面和可动屋面两部分，有的开合屋盖结构的屋面全部由可动屋面组成。在确定屋盖结构形式时，除了考虑建筑外形的限制外，应尽量选取符合开合屋盖结构特点、有利于开合功能安全实现的结构体系。建筑外形、开启灵活、支承方式都是确定屋盖结构体系时的影响因素，尤其是支承方式。

图 6.27　美国西雅图西比棒球馆

（1）第一种支承方式：可动屋面采用类似门式刚架的形式或直接落地的形式。比如日本有明体育场，图 6.27 所示的美国西雅图西比（SAFECO）棒球馆：全部屋顶的重量为 10000t 重。支托屋顶的刚架，是一个不对称三铰拱刚架。

优点：轨道直接固定在基础上，轨道变形容易控制。

缺点：可动屋面的构件尺寸非常大，建筑占地较大。

（2）第二种支承方式：可动屋面的轨道在观众席高度以上，支承结构一般有斜撑或预应力环梁参与组成，且下部通常采用刚度较大的混凝土支承结构。采用这种支承方式的开合屋盖结构最多，比如日本海洋穹顶、福冈体育馆、米勒体育场及图 6.28 所示澳大利亚国家网球中心等。

图 6.28　澳大利亚国家网球中心

优点：开合移动受外界的影响较小，占用场地小。

缺点：下部支承结构要承受较大的水平推力并且要控制轨道变形。

（3）第三种支承方式：可动屋面支承在固定屋盖的边缘钢构件上，或独立的空间结构上。比如图 6.26 所示日本小松穹顶及图 6.29 所示荷兰阿姆斯特丹体育场。虽然这种屋盖的开启率最低，但是建筑外形美观，深得建筑师的喜爱，基本上采用空间开合方式，

图 6.29　荷兰阿姆斯特丹体育场

只能采用这种支承方式，其在建筑、结构和机械等方面设计难度最大、技术含量最高，已经成为开合屋盖结构的一个发展方向。这种支承方式要解决的关键问题，是可动屋面和下部支承体系变形的相互影响。

优点：建筑外形美观；是空间开合方式的唯一一种支承方式。

缺点：开启率最低；设计难度最大；技术含量最高。

2. 开合屋盖结构的荷载分析

（1）考虑要点：荷载与状态相对应。结构设计应根据建筑物的使用状态确定荷载的取值。

常规屋盖只有一种状态；而开合屋盖有三种状态：完全闭合锁定状态、完全打开锁定状态、运动状态。一些大型的开合屋盖结构屋盖还有第四种状态：半打开的锁定状态。因为不同的状态对应于不同的使用情况，所以结构设计中，应根据建筑方案规定的使用状态确定荷载的取值。

（2）荷载工况：

常规结构的荷载工况：恒荷载、风荷载、雪荷载、使用荷载、地震荷载、温度荷载。

开合屋盖结构的特有工况：开合运行在启动和刹车时的惯性力荷载工况、屋盖开合移动时因轮轨之间的距离、轨道本身的精度问题、开合屋盖的角度、直线轨道定位不准确等因素产生的水平荷载、因轨道有接头、轨道不平整等因素产生的力、屋盖移动过程中下部结构的不均匀变形产生的差异变形荷载等。

3. 风荷载及抗风设计

（1）开合屋盖结构的打开、关闭和半打开状态下的风荷载及开合过程中的风荷载都不同。因此，如果把结构设计成能抵抗任何状态的最大风荷载，就会造成结构尺寸加大、建设成本提高。

（2）结构体系必须考虑不同开启状态下的风荷载工况，以便保证屋盖结构在设计风荷载作用下各种状态的顺利转变。风荷载的取值是最能体现荷载与状态相对应这个特点的，影响风荷载标准值的因素有：基本风压、风荷载体型系数、风压高度变化系数以及风振系数，在屋面处于不同的状态下都不同。

（3）开合屋盖的使用功能要求在天气晴好的时候开启，在恶劣天气下闭合。为了开合的安全，可动屋面移动的时候风速不能太大。闭合状态取《建筑结构荷载规范》规定的基本风压；开启状态根据可动屋面使用操作手册确定，一般取阵风风速 20m/s 作为参考值。因为荷载规范规定的基本风压是以重现期为基准的，但是开合屋盖结构并不是每一个状态都要经受整个设计使用年限中所遇到的最大风荷载，因此开启和移动状态取的基本风压较小，我国开启状态的基本风压最小值取 $0.3 \sim 0.4 kN/m^2$。

开合屋盖结构的风荷载体型系数应由风洞试验确定。原因有三：其一是大部分开合屋盖结构为公共建筑，各国的荷载规范对公共建筑的风荷载体型系数都是建议通过风洞试验确定；其二，可动屋面处于开启和闭合状态时，因为存在洞口的原因，整个屋盖的风荷载体型系数变化非常大；其三，开合屋盖结构的建筑外形通常很特殊，荷载规范提供的参考体型系数不大适用。

由于可动屋面在不同状态下，质心的高度有很大变化，所以可动屋面对应的风压高度变化系数也有比较大的变化。

（4）开合屋盖结构的抗风设计基本上属于被动措施，通过限制使用条件，在闭合状态承受最不利的风荷载作用，前提是严格按照操作手册进行使用和管理，因此风速探测仪是不可缺少的，探测到的风速值作为自动化控制的输入条件，屋面的开合应该在风速探测仪的监测下进行。

4. 雪荷载及抗压设计

当开合屋盖结构建造在雪荷载较大的地区时，就像考虑风荷载作用一样，应根据开合控制条件对开启状态、闭合状态和开合过程中的雪荷载进行分析，考虑安全系数后确定其设计值。

闭合状态的雪荷载与一般结构相同；开启状态可以不考虑雪荷载，但是建造在有较大降雪地区的开合屋盖结构，要考虑 $0.3kN/m^2$ 的初始降雪。在自动或者人工除去轨道积雪后，驱动系统可以保证可动屋面正常闭合。

开合屋盖结构由不同的屋面部分组成，在不同部分的交接处，很容易产生局部堆雪现象，尤其采用膜材做屋面材料时需特别注意。另外，积雪有可能产生滑落现象、结冰现象，这有可能影响屋面雪荷载的分布。此外，在轨道等驱动部件的地方容易有局部堆积现象，会影响可动屋面的移动。

抗雪设计的思路是减少雪荷载在屋面上的积累。在严寒地区，可以考虑在屋盖系统上采取融雪措施，防止多次积雪的累加。

5. 地震荷载和抗震设计

开合屋盖结构在开启和闭合状态都必须能够抵御地震荷载的作用，这两个状态的抗震设计属于普通大跨度空间结构的抗震问题，而屋面在移动过程中遭遇地震的可能性很小。

6. 开合屋盖结构的特殊荷载

与常规民用建筑相比，开合屋盖结构必须考虑伴随可动屋面移动产生的一系列特殊荷载：水平启动和刹车制动力、惯性力、轨道偏差引起的强制位移等。

以上特殊荷载与吊车荷载的考虑是不一样的，主要体现在以下几个方面：

（1）可动屋面自重比较大，但荷载变化幅度很小，而吊车的重量会根据实际吊重量有很大幅度的变化。

（2）可动屋面移动速度慢，使用频率低。

（3）大部分可动屋面的移动轨迹比吊车的水平直轨道要复杂。

（4）可动屋面面积大，是外露的，受风、雪荷载的影响大。

（5）吊车基本上是标准产品，而可动屋面根据建筑方案的要求都单独设计。

7. 荷载组合

开合屋盖结构的荷载种类和工况的特点与普通建筑结构具有相同之处，也有特有的荷载种类。所以，开合屋盖结构上的所有荷载均应针对具体情况详细研究决定。

闭合和开启状态：荷载组合与常规结构基本一样；

开合过程（运动状态）：为了保证开合的安全，操作手册规定在有屋面积雪的状态下不允许进行开合操作，因此不考虑雪荷载、活荷载；另外，出于安全和管线布置方便的考虑，设备应尽量安置在固定屋面处，可动屋面部分一般不安装照明、音响等设备，因此不考虑悬挂荷载；但是伴随着屋面运动会产生一系列特殊荷载，因此要考虑开合屋盖结构的特殊荷载，而这些特殊荷载主要是水平荷载，会根据开合屋盖类型的不同而有所不同，主要包括可动屋面的制动力、惯性力、轨道偏差引起的强制位移等，根据开合频率确定工况系数。

第三节 安 全 设 计

开合屋盖结构发生故障的频率很高，即使是局部发生的小问题也可能导致整个开合屋盖结构的运行失败；漏水也是个问题。

解决开合屋盖结构的安全性应从以下 5 个方面考虑：

（1）屋盖开合条件对结构安全性的影响。在设计阶段，必须确定可以进行屋盖开合操作的条件。如：应指明半开合的位置、明确结构的开合方法、开合极限、整个结构特点、内部使用功能等。

（2）结构本身的安全性。开合屋盖结构的选型和结构布置的合理性，是结构安全的必要因素。结构选型和结构布置，应根据开合屋盖的划分方法、屋盖单元形状和开合方式综合确定。另外，结构的安全性还取决于设计考虑的荷载工况是否齐全，各种荷载工况下的荷载大小的合理性，对结构各种荷载作用的正确评估，包括运行时对最大风速的设定、结构设计风速取值、设计温差的取值、地震作用的考虑、运行起动刹车惯性力和振动力、机械故障时的结构受力情况等荷载作用情况。

（3）驱动与行走机构的安全性。驱动与行走机构部分的故障占整个吊车事故的比值很大。因此，应选择尽可能简单的行走轨迹、合理的驱动方式和可靠的行走机构。

（4）控制系统的可靠性。控制系统包括对整个机械系统的电力供给系统、对开合运行状态的实时检测和智能控制。电气故障几乎占整个吊车故障总量的一半。如果加上同步控制和偏斜控制，控制系统的安全性会更高。

（5）维护管理措施的可靠性。必须严格按照设计要求的开合条件，为开合建筑物制定完善的控制方案、操作程序和维护管理方案及措施。

思 考 题

1. 开合屋盖结构的建筑方案设计需要考虑哪些因素？
2. 开合屋盖结构的支承方式有哪些？各有什么优缺点？
3. 开合屋盖结构有哪几种荷载状态？
4. 开合屋盖结构与常规结构相比，有哪些特殊荷载？这些特殊荷载是在什么状态下产生的？
5. 开合屋盖结构为什么必须考虑不同开启状态下的风荷载工况？
6. 运动状态下的开合屋盖结构的荷载组合与常规结构有什么不同？

第四章 开合屋盖结构的施工

开合屋盖结构不仅在设计上比普通结构复杂，在施工方面也有很多特殊性。开合屋盖结构设计施工的难点是轨道变形要求小，远小于建筑结构规范要求。开合屋盖结构是集钢结构设计与施工、起重机械设计与施工、液压与自动控制、机械安装与调试为一体的综合性系统工程，难度很大，要求高品质、高精度的施工技术。

施工控制要点：保证施工符合钢结构施工规范的要求；同时，保证施工精度满足机械系统的要求。只有钢结构主体、轨道安装准确以及机械系统和可动屋面吊装定位精确，才能保证可动屋面运行的可靠性和整体结构的安全性。

开合屋盖结构中固定屋面、可动屋面及机械部分分别施工，要求协调进行，可动屋面一般采用地面装配、整体吊装的施工方法，其吊装准确性要求很高。目前，还没有任何规范对开合屋盖结构的机械系统施工误差进行限制。在实际工程中，只能由机械工程师和结构工程师对工程特定的牵引和行走系统及开合屋盖结构体系进行协商确定。

施工过程中应注意以下几点：

（1）开合屋盖结构的组装尽可能安排在靠近地面的位置进行；

（2）采用顶升或者吊升的方法把结构安放在设计标高位置；

（3）施工中采用搭设临时支架安装，当放置并连接好机械设备和部件后，再拆除支架，使开合屋盖降下至轨道上的施工方法；

（4）屋盖施工过程中，当屋盖结构部件的悬吊点向中央支架间的吊运架设时，需要研究和控制屋盖各层的桁架应力和变形，以确保安装精度和安全。因为吊装和安装过程中产生的应力和变形在施工完毕后不会消失，如果不加以控制，会在使用阶段产生非常大的隐患；

（5）施工方案需要周密地考虑具体的技术处理细节，如：吊点的选择、施工的顺序、加固的措施等；

（6）需要严格控制提升同步性的精度，如果提升时各吊点的同步性不好，将大大减弱网壳在提升时的承载能力，施工时的受力会比设计应力计算值大2～3倍；

（7）考虑到空间结构本身形态的计算误差比较大，要在预组装好骨架后测量轮组连接点的数据，再进一步校核加载理论载荷后的变形数据，这样才能保证车轮和轨道安装到位的精确性；

（8）为了保证任何情况下均能安全、可靠运行，尽可能进行全尺寸地面模拟试验。

思 考 题

1. 与常规结构相比，开合屋盖结构的施工有什么不同？

参 考 文 献

[1] 中华人民共和国行业标准. JGJ 7—1991 网壳结构设计与施工规程[S]. 北京：中国建筑工业出版社，1991.

[2] 中华人民共和国行业标准. JGJ 61—2003 网壳结构技术规程[S]. 北京：中国建筑工业出版社，2003.

[3] 中华人民共和国行业标准. JGJ/T 22—1998 钢筋混凝土薄壳结构设计规程[S]. 北京：中国建筑工业出版社，1998.

[4] 中华人民共和国行业标准. GB 50011—2010 建筑抗震设计规范[S]. 北京：中国建筑工业出版社，2010.

[5] 中华人民共和国行业标准. GB 50017—2003 钢结构设计规范[S]. 北京：中国计划出版社，2003.

[6] 中华人民共和国行业标准. GB 50009—2001 建筑结构荷载规范[S]. 北京：中国建筑工业出版社，2006.

[7] 中国工程建设标准化协会标准. CSCE 158：2004 膜结构技术规程[S]. 北京：中国计划出版社，2004.

[8] 董石麟，罗尧治，赵阳. 新型空间结构分析、设计与施工[M]. 北京：人民交通出版社，2006.

[9] 董石麟. 网状球壳的连续化分析方法[J]. 建筑结构学报，1988，9(3)：1~14.

[10] 杜文风，张慧. 空间结构[M]. 北京：中国电力出版社，2008.

[11] 董石麟. 组合网架的发展与应用——兼述结构形式、计算、节点构造与施工安装[J]. 建筑结构，1990，20(6)：2~9.

[12] 斋藤公男著，季小莲、徐华译. 空间结构的发展与展望[M]，北京：中国建筑工业出版社，2006.

[13] 孙建琴. 大跨度空间结构设计[M]，北京：科学出版社，2009.

[14] 刘锡良. 现代空间结构[M]，天津：天津大学出版社，2003.

[15] 完海鹰，黄炳生. 大跨度空间结构[M]，北京：中国建筑工业出版社，2008.

[16] 董石麟，马克俭，严慧，苗春芳. 组合网架结构与空腹网架结构[M]. 杭州：浙江人民出版社，1992.

[17] 张荣山. 空间钢结构设计与施工[M]. 北京：中国石化出版社，2001.

[18] 张其林. 索和膜结构[M]. 上海：同济大学出版社，2002.

[19] 沈世钊，陈昕. 网壳结构稳定性[M]. 北京：科学出版社，1999.

[20] 沈祖炎，陈扬骥. 网架与网壳[M]. 上海：同济大学出版社，1997.

[21] 肖炽. 空间结构设计与施工[M]. 南京：东南大学出版社，1999.

[22] 钱若军，杨联萍. 张力结构的分析、设计、施工[M]. 南京：东南大学出版社，2003.

[23] 杨庆山，姜忆南. 张拉索－膜结构分析与设计[M]. 北京：科学出版社，2004.

[24] 曹资，薛素铎. 空间结构抗震理论与设计[M]. 北京：科学出版社，2005.

[25] 董石麟. 我国网架结构发展中的新技术、新结构[J]. 建筑结构，1998，28(1)：10~15.

[26] 董石麟. 我国大跨度空间结构的发展与展望[J]. 空间结构，2000，6(2)：3~13.

[27] 董石麟. 预应力大跨度空间钢结构的应用于发展[J]. 空间结构，2001，7(4)：3~14.

[28] 董石麟，赵阳. 论空间结构的形式与分类[J]. 土木工程学报，2004，37(1)：7~12.

[29] 董石麟，唐海军，赵阳等. 轴力和弯矩共同作用下焊接空心球节点承载力研究与实用计算方法[J].

土木工程学报，2005，38(1)：21～30.

[30] 高博青，董石麟. 折板式网壳结构的动力性能分析[J]. 建筑结构学报，2002，23(1)：53～57.

[31] 高博青，董石麟. 折板式网壳结构的抗震及减震研究[J]. 浙江大学学报(理学版)，2002，29(5)：589～594.

[32] 卓新，董石麟. 基于仿生学的空间结构形体设计[J]. 空间结构，2003，9(3)：3～5.

[33] 张明山，董石麟，张志宏. 弦支穹顶初始预应力分布的确定及稳定性分析[J]. 空间结构，2004，10(2)：8～12.

[34] 陈务军. 膜结构工程设计[M]. 北京：中国建筑工业出版社，2005.

[35] 张志宏，董石麟，王文杰. 索杆张拉结构的设计和施工全过程分析[J]. 空间结构，2003，9(2)：20～24.

[36] 詹伟东，董石麟. 索穹顶结构体系的研究研究[J]. 浙江大学学报(工学版)，2004，38(10)：1298～1307.

[37] 张志宏，张明山，董石麟. 张弦梁结构若干问题的探讨[J]. 工程力学，2004，21(6)：26～30.

[38] 郑君华，董石麟，詹伟东. 葵花型索穹顶结构的多种施工张拉方法及其试验研究[J]. 建筑结构学报，2006，27(1)：112～116.

[39] 沈世钊，徐崇宝，赵臣等. 悬索结构设计(第二版)[M]. 北京：中国建筑工业出版社，2006.

[40] 严慧，唐曹明，熊卫. 斜拉网架的结构特性及其设计应用研究[J]. 建筑结构，1996，(1)：14～20.

[41] 胥传熹，陈楚鑫，钱若军. EFTE 薄膜的材料性能及其工程应用综述[J]. 工业建筑，2003，18(6)：1～4.

[42] 张毅刚，薛素铎，杨庆山，范峰. 大跨空间结构[M]. 机械工业出版社，北京：2005.

[43] 约翰·奇尔道著，高立人译. 空间网格结构[M]. 北京：中国建筑工业出版社，2004.

[44] Shilin Dong, Yang Zhao, Dai Zhou. New structural forms and new technologies in the development of steel space structures in china [J]. Advances in Structural Engineering An International Journal, 2000, 3(1)：49～65.

[45] Shilin Dong, Yang Zhao, Pretensioned Long-Span Steel Space Structure in China [J]. International Journal of Applied Mechanics and Engineering, 2004, 9(1)：25～36.

[46] Chen Wujun, Fu Gongyi, et el. A new design conception for large span deployable flat grid structures [J]. International Journal of Space Structures, 2002, 17(4)：293～299.

[47] Buchholdt H A. An Introduction to Cable Roof Structures [M]. Cambridge University Press, 1985.

[48] John W Leonard. Tension Structures [M]. New York：McGraw-Hill Inc, 1988.

[49] Irvin H M. Cable Structures [M]. New York：Dover Publication, 1992.

[50] Ariel Hanaor. Prestressed pin-jointed structures-flexibility analysis and prestrss design [J]. Computers & Structures, 1988, 28(6)：757～769.

[51] Aslam Kassimali, Reza Abbasnia. Large deformation analysis of elastic space frames [J]. Journal of Structural Engineering, ASCE, 1991, 117(7)：2069～2087.

[52] Mohri F, Motro R. Static and kinematic determination of generalized space reticulated systems [J]. International Journal of Solids & Structures, 1993, 30(2)：232～237.

[53] Victor Gioncu. Buckling of reticulated shells：state-of-the-art [J]. International Journal of Space Structures, 1995, 10(1)：1～46.